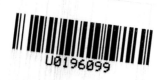

民以食为天
——百种食物漫话

傅维康　著

上海文化出版社

图书在版编目（CIP）数据

民以食为天：百种食物漫话 / 傅维康著 .—上海：上海文化出版社，2017.7（2018.3 重印）
ISBN 978-7-5535-0753-8

Ⅰ .①民…　Ⅱ .①傅…　Ⅲ .①食用植物—基本知识
Ⅳ .① Q949.9

中国版本图书馆 CIP 数据核字（2017）第 139210 号

发 行 人　冯　杰
出 版 人　姜逸青
责任编辑　罗　英　斯竹林
封面设计　汤　靖
封面题签　傅维康
插　　图　徐佳寅

书　　名　民以食为天——百种食物漫话
著　　者　傅维康
出　　版　上海世纪出版集团　上海文化出版社
地　　址　上海市绍兴路 7 号　200020
发　　行　上海世纪出版股份有限公司发行中心
　　　　　上海福建中路 193 号　200001　www.ewen.co
印　　刷　上海天地海设计印刷有限公司
开　　本　787 × 1092　1/32
印　　张　13.125
版　　次　2017 年 11 月第一版　2018 年 3 月第二次印刷
国际书号　ISBN 978-7-5535-0753-8/S.006
定　　价　38.00 元

敬告读者　本书如有质量问题请联系印刷厂质量科
电　　话　021-64366274

序

“民以食为天”，食物是支持人的生命活动、维护人体健康的不可或缺的极其重要之因素。在人类生活发展史上，人民大众所发现、利用、培植以及创造的食物，品种繁多，何止千数！笔者撰写收入本书之食物仅一百种，大概只是人们日常食物中的三分之一而已。

选入本书的食物，没有完全一致的入选标准，总体而言，大部分是人们（主要是中国人民）较常食用者。有的食物虽是人们经常食用，但因其资料似嫌枯燥乏味而未予选入；而有的虽不是人们经常食用，却因具有某些奇特之处而予以札记撮述。

本书所记述的食物，既有中国固有的产物，也有从国外传入者。撰写内容主要是依据文献记载与本人体会，大致上记述该种食物名称的由来、历史逸闻、营养成分、对人体的保健医疗作用、食用注意点等，力求具有一定知识性、可读性，尽可能顾及实用性、趣味性。

在此需要说明的是，由于各种食物之史料与当代资料多寡不一，因而本书各篇的篇幅也有长短差别。但是，本书很有限的点滴札记与简略叙述，倘能使读者感到些许兴味，并从中获得某些知识及有益经验，笔者将感到莫大欣慰！

笔者今年已年届八十六，限于体力、精神与水平，本书所记述之内容未能面面俱到。特别需要提及者，随着年月的向前推移以及社会的发展、进步，人类的食物品种肯定会不断增加，人们对各种食物的成分与功效等的知识，也肯定会不断增多和加深，因而本书挂一漏万也是显然的，并且还可能存在某些错误，期望读者诸君见谅、指正，谢谢！

傅维康

二〇一六年五月十日

目 录

香味隽永 香　菇

“下箸极隽永，加餐亦平温。”

这是南宋进士、文学家汪藻（1079—1154）所写《食十月蕈》一诗中的诗句，“箸”即筷子，“香蕈”即香菇，诗中高度赞赏了香蕈的隽永滋味。

其实，香蕈的美味早在两千多年前的文献中就明确写到了，彼时，“香蕈”被称为“菌”“菌子”。战国时代末，《吕氏春秋》的《本味》篇载述：“和之美者……越骆之菌”，意思是“越骆”地区出产的香蕈，是调和菜肴使之味美的佳品之一。那时候的“越骆”，大致相当于现今广西南宁西南、广东雷州半岛和海南地区。但是，中国先民采食野生菌类植物的年代，远比战国时代久远许多。

中国古人把香菇称为“菌”，此字结构中有“囷”（读音 qūn），其含义主要为“圆形谷仓”和“聚拢”。推想，大概是古人观察到香菇的顶部呈圆形伞状，并且有成丛聚拢生长的特征，因此借用“囷”形容香菇的外观与生长特征，又因它是草类植物，加上草头偏旁而成“菌”字。后来“菌”也指细菌，是因19世纪中叶以后，科学家陆续发现了种类繁多的微生物，中国学者于是将其中一大类译称为细菌，这里的“菌”与古代汉文所称的“菌菇”不是一回事。

由于野生菌菇有的有毒，有的无毒，中国远古时代先民，在寻找食物的“尝百草”过程中，有的人吃进了某些有毒的菌类而失去了生命，有的人吃进另一些菌菇却安然无恙，并且还发现有些品种“闻之馨香，食之鲜美”。久而久之，各种有毒、无毒的菌菇被人们区分出来，然而野生之菌菇，种类繁多，有毒或无毒，并不是人人都能完全认清，以致于长时期以来误食有毒菌菇者并不鲜见。西晋大臣、文学家张华（232—300）的《博物志》记载说，菌类“食之有味，而每毒杀人”。清代诗人王士禛（1634—1711）《香祖笔记》也写道：“天平山僧得蕈一丛，煮食之，大吐，内三人取鸳鸯草（即金银花）啖（读音dàn，指吃食）之，遂愈；二人不啖，竟死。”幸而，自人类懂得栽培无毒菌菇之后，采食野生菌类中毒者已大为减少。

世界上，对香菇进行人工栽培的国家，数中国最早，元代农学家王祯《农书》认为，汉代已有人工栽培香菇，惜所述不详。据推测，成书于隋代（581—618）的《山蔬谱》记述："永嘉人以霉月（指梅雨月份）断树，置深林中，密斫之，蒸成菌，俗名香菇，有冬春二种，冬菇尤佳。"南宋嘉定二年（1209），何澹纂成的《龙泉县志》，记载了"吴三公"（原名吴昱，约1130—1209）的人工培植香菇方法，所述较具体，被后世尊为杰出种菇专家。

香菇依出产地、生成时间、外观及性味等，名称多达数十种。菌、香菌、蕈、香蕈、香菇、冬菇、花菇、厚菇等，是人们常用之名，其中，香蕈和蕈可说是最准确反映了它的馨香美味特征。对"蕈"字结构中的"覃"字，中国历史上第一部字典——东汉许慎《说文解字》解释："覃，长味也。"明代杰出医药学家李时珍（1518—1593）则解释说："蕈从覃。覃，延也。蕈味隽永，有覃延之意。"

中国历史上，在很早年代，人们就把香菇列为"山珍"之一，取香菇单独烹饪或与其他食物共烹调，相关菜谱十分繁多，人们因之而获得了诸多美味享受。麻疹患者进食香菇，能促使疹子透发，加快康复。

根据现代科研报道，香菇的各种成分及其含量，因品种不同而不一致，以冬菇（干品）而言，主要是富含香菇多糖、香菇太生（Lentysin）、香菇酸、香菇嘌呤、双链核糖核酸、维生素D原、尼克酸、磷、钾、镁、锌、锰、钙、铁、硒及膳食纤维；其次，含多量蛋白质、碳水化合物、不饱和脂肪酸、多种酶及胡萝卜素等。

香菇多糖能提升人体免疫功能和抑制癌肿；香菇太生能降血脂、降胆固醇；香菇酸分解生成的水溶性香菇精（Lentionione）是香菇产生香味的主要成分之一；香菇嘌呤也是产生芳香的另一成分，具有降血脂、降胆固醇作用；双链核糖核酸是促进产生干扰素（interferon）的诱发剂，干扰素能使人体细胞产生抗病毒蛋白，并提升吞噬细胞活力，从而增强其"吞食"病原物的效用；维生素D原经日晒或紫外线照射，将转变成维生素D，有助于钙质吸收利用，从而增强对骨骼、牙齿等的保健；香菇中的多种酶，能补充人体对消化酶及氧化酶等的需要；不饱和脂肪酸有助于预防血管硬化。

总之，香菇所含诸多成分，能对人体防治多种疾病与保健延年发挥许多微妙的效用，很值得善加利用。

物小用广 辣　椒

辣椒是辣味的主要来源，世界上喜食辣椒者不计其数，就中国而言，民间流传着“湖南人不怕辣，四川人怕不辣，贵州人辣不怕”的说法，另也有“四川人不怕辣，湖南人辣不怕，贵州人怕不辣”之说，总之，湘、川、黔三省，大多数人以敢吃和嗜吃辣椒著称。其实，中国人嗜吃辣椒者，还有江西、湖北、广西、云南、安徽等省众多居民。实际上，世界各国都有不少人以辣椒烹调菜肴，可以说，喜食辣椒者大有人在。

辣椒为一年生茄科植物，根据植物学者和考古学者考证，良种辣椒起源于中美洲、南美洲以及北美洲南部热带地区。约在距今三千年至一千七百年前，生活于中美洲和北美洲南部的玛雅（Maya）民族和阿兹特克（Azetec）民族，已食用辣椒了，后者还把野生辣椒移植，改变为人工栽种。

在古代玛雅人和阿兹特克人用可可豆加工做成的可可食品中，辣椒粉往往作为佐料之一。后来，生活于北美洲西南部的墨西哥（Mexico）居民也喜食辣椒。公元1492—1502年间，意大利航海家哥伦布（C. Colombo，约1451—1506）获得西班牙国王斐迪南二世（Fernando Ⅱ，1452—1516）资助，率船队四次横渡大西洋，到达中美洲、南美洲一些地方，他们从当地原住民的饮食习惯中，尝到了辣椒的风味，学到了用辣椒烹调食物的方法。他们返回西班牙时，带回的物品之中，就有辣椒种子，辣椒因而被引种到西班牙。后来，辣椒良种逐渐地被引种到欧洲、亚洲许多国家和地区。

从中国现存古代文献看，辣椒良种传入中国约在明代万历年间（1573—1619），最早见载于明代戏曲作家高濂的《遵生八笺》（1591年撰），书中把从南洋群岛传入中国的辣椒称为“番椒”，写道：“番椒丛生，白花，果俨似秃笔头，味辣色红，甚可观。”正因辣椒的“甚可观”之特点，所以它在传入中国的最初阶段，曾被作为观赏植物，清代进士朱筠（1729—1781）把自己书斋命名为“椒花吟舫”可资佐证。清代诗人黄景仁（1749—1783）曾经专访“椒花吟舫”，他所写的《访吴竹桥》中，有“朝吟椒花舫，慕觞紫藤架”诗句，“椒花舫”

系朱筠先生斋名。

辣椒之品种很多，被引种到中国许多地方后，不仅称“番椒”，还称：海椒、海辣子、地胡椒、狗椒、斑椒、黔椒、秦椒、茄椒、辣子、辣火、辣角等。中国人民栽种辣椒，也不仅供观赏，后来更多是供食用。辣椒既可单独做菜食，更多的是做其他食物之佐料，且菜谱之丰富，不胜枚举。四川人傅崇矩（字樵村，1875—1917）撰《成都通览》一书，推崇辣椒是川菜中的重要佐料，记述了诸多特色川菜，“回锅肉”“麻婆豆腐”“夫妻肺片”等详载于该书。

在有些缺盐地方，辣椒曾被居民作为食盐代用品。康熙三年（1664）考中进士的田雯（1635—1704），后来担任过贵州（简称黔）巡抚，他所撰《黔书》之中述及贵州有些缺盐地方的居民，“当其（盐）匮也，代之以狗椒。椒之性辛，辛以代咸，只诳夫舌耳，非正味也”。所谓“诳夫舌”，即是用辣椒的辛辣代替咸味蒙骗舌头。另外，康熙年间贵州《思州府志》也记载：“海椒俗名辣火，土苗（民族）用以代盐”。

辣椒传入中国后，主要供食用，故中药文献论述其药用资料不多，明代姚可成《食物本草》说辣椒“消宿食，解结气，开胃口，辟邪恶，杀腥气诸毒”。其后，《药性考》

说辣椒“温中散寒，除风发汗去冷癖，行痰逐湿”。

辣椒种类繁多，依辣味浓淡可分为辣椒、甜椒两大类。据学者研究，辣椒的辣味主要是从辣椒果皮和辣椒籽中的辣椒碱中产生，福建、浙江接壤地区的畲族民谣“番椒若辣连籽辣，猪油若香连渣香”，生动地描述了辣椒籽之辣。辣椒碱是辣椒素中的主要成分，它对口腔及肠胃道所产生的刺激，使唾液和其他消化液分泌增加，提高淀粉酶活性和食欲，并且还促进胃肠蠕动、抑制肠道内异常发酵。

红辣椒富含辣椒红素、胡萝卜素，它和青椒都含有对防御癌肿有重要作用的多量维生素 C 以及可观的硒元素；此外还有维生素 B_6、柠檬酸、苹果酸、纤维素、钾、磷、铁、镁等。进食辣椒，有助于活跃血液循环、促进脂肪分解、降低血脂、减少血栓和风湿性关节炎的发生等。寒冷季节，用辣椒浸液适当涂抹手、脚皮肤，有预防冻疮效果。有研究者认为，辣椒素能刺激人体产生“内啡肽”，起到减轻痛感和产生轻微欣快感作用。

辣椒对人体虽有不少益处，但辣椒碱有强烈刺激性，过食辣味重的辣椒，口腔、食管与胃肠道受到强烈的刺激，会引起口腔、食管等部位充血疼痛，进而导致食管炎、胃炎、胃痛、腹痛、腹泻或便秘、肛门烧灼刺痛等。因此，进食辣椒应适量，患气管与支气管炎、肺结核、高血压、心脏病、眼疾、齿病、口腔炎、胃肠道疾病、便秘、痔疮以及皮肤病等的患者，不宜吃辣味浓烈的辣椒，孕妇、产妇、幼儿也应慎食或不食辣椒。

数千年来，对人们来说辣椒主要是作为食物之一。近年来，学者们对辣椒进行深入研究后，获得了它的更多新知识，发现并发展了它对人类的多项其他用途。

据报道，以辣椒素与凡士林等制成的单方软膏或复方软膏外用药，用于治疗关节炎、肌肉疼痛、背痛、运动扭伤、带状疱疹的神经痛后遗症等，能获得一定效果。美国环境保护总署（Environmental Protection Agency，简称EPA）确认，未发现辣椒素对人体毒性证据。

用红辣椒研制成的“无味辣椒色素”，主要成分是辣椒红、辣椒玉红素、β－胡萝卜素，是安全天然的优质着色剂，可用于各种食品、药品以及口红、胭脂红等化妆品的着色。

美国学者研究发现，提取高纯度辣椒碱晶体制成的戒毒针剂，是一种广谱而又高效的戒除吗啡、海洛英等毒品的新药，施用于多种类型毒瘾者，能取得一定的戒毒作用。再者，辣椒碱还具有镇痛的特性，近年有关方面研制成的辣椒碱针剂，用于癌症患者持续性剧痛的止痛，有一定缓解效果，并且，采用此种止痛针剂不会成瘾。

此外，以辣椒素制成的无毒性驱虫剂，可用于防白蚁、防鼠。用辣椒素制成的“生物防污漆”，作为船舶的涂料，能减少海洋生物附着于船舶的外壳。

如上所述，小小辣椒，用途广矣！

蔬中君子　苦　瓜

在人类食用之蔬菜中，苦瓜果实大概是很难引起人们兴趣者。一是苦味太重，很多人“不愿找苦吃”；二是它外表遍布不规则的瘤状疙瘩，丑陋难看，所以它又被称为“癞瓜”。此外，它的叶子据说近似野葡萄叶，所以，苦瓜又得了“癞葡萄”的陋名。

其实，苦瓜是很值得赞赏的食物。苦瓜与其他食物共烹饪，其苦味不“连累”他物，故有“君子菜”美名。清代学者、文学家屈大均（1630—1696）在《广东新语·草语·苦瓜》中写道：“（苦瓜）一名‘君子菜’，其味甚苦，然杂他物煮之，他物弗苦，自苦而不以苦人，有君子之德焉。”

苦瓜是葫芦科一年生攀援草本，植物考古学者研究认为，苦瓜起源于亚洲热带地区，印度、东南亚某些地方的人民，栽种苦瓜的历史久远。约在元代后期、明代初年，苦瓜被引种到中国广东、福建一些地方。元代学者、广东人陈大震和吕桂孙于元代大德八年（1304）撰成的《南海志》中，载有“苦瓜干”，表明至迟在其时或之前，广东人已食用苦瓜了。在广东，苦瓜还有“菩达”一名，据说是广东人对英文 bitter gourd（苦瓜）前一个词汇的广东话音译。

虽然，苦瓜曾被安上“癞瓜”等不雅之名，但另一方面，它却被冠以“红姑娘”之趣称。苦瓜老熟后，其瓜瓤呈红色，有些地方的方言中（例如广东话），“瓜瓤”与“姑娘”读音相似，“红瓜瓤”因而谐音为“红姑娘”了。

苦瓜被引种到中国之初，大概是果实之味太苦，食用者不多，只在荒年不得已时才用它充饥，所以，明太祖朱元璋第五个儿子朱棣主编的《救荒本草》（约成书于公元1406年），把苦瓜列为救荒食物。明代进士、科学家徐光启（1562—1633）编撰的《农政全书》，收载《救荒本草》之苦瓜内容后，写了一段按语：“南中人甚食此物，不止于瓤；实青时采者或生食，与瓜同，用名苦瓜也。青瓜颇苦，亦清脆可食耳，闽广人争诧为极甘也。”由此看来，中国古人食苦瓜，起初一般只食味甜之瓜瓤。

苦瓜作为蔬菜，还具有食疗功效。中医学认为，初成熟的青色苦瓜，性味苦寒，对人体有清热、明目、通便等作用；老熟的橙色苦瓜，性味甘平，对人体有滋养作用。

现代学者研究得知，苦瓜果肉中富含苦瓜苷、苦瓜素，其中类胰岛素活性物质，在人体内激活胰腺分泌胰岛素，促进糖分解，对糖尿病患者产生降血糖作用，因此有学者称之为“植物胰岛素”。苦瓜素对唾液腺产生刺激作用，能促进其分泌，从而缓解糖尿病患者的口干、口渴症状。苦瓜的糖分低，因此是很适于糖尿病患者辅助治疗的食物。

苦瓜果实中所含奎宁物质，对兴奋的体温中枢有抑制作用，有助于解热、消暑、去痱子。苦瓜所含多肽类物质，能激活、提升人体免疫机能，并且还能抑制癌瘤细胞增值。苦瓜富含钾，低钠、低脂，也很适于高血压及心血管疾病患者食用。

有报道说，美国学者凯里（kerry）博士，1998 年从苦瓜中提取到一种物质，能阻止人体肠道对脂肪的吸收。有学者把此种物质称为“高能清脂素”。但也有学者认为，苦瓜中的“高能清脂素”含量仅百分之零点四左右，经烹饪后，此种“高能清脂素”也遭到一定损耗，其清脂作用似甚微小。

此外，有学者给妊娠大鼠进行苦瓜汁灌肠实验，结果导致子宫出血，因此认为孕妇不宜吃苦瓜。苦瓜利肠道，大便溏薄者，也不宜多食苦瓜。但是，除了对苦瓜禁忌者之外，适宜进食苦瓜，益处多多。中国自古以来有“良药苦口”的名言，苦瓜则是味苦之良蔬也。

天堂圣果 甜 瓜

在生食的瓜类之中，气味香甜、肉质细嫩、汁液丰沛者，甜瓜无疑名列前茅，明代医药学家李时珍（1518—1593）说："甜瓜之味甜于诸瓜，故独得甘、甜之称。"

甜瓜为葫芦科一年蔓生草本植物，植物考古学者研究认为，其起源主要在两大地区：一是非洲热带沙漠地区；二是印度、伊朗、阿富汗与印度接壤地区。并且还认为，约四千年前，古波斯、非洲一些地区居民已人工栽培甜瓜。甜瓜以气味香甜等优点，在中世纪时（相当于公元四五世纪至十五世纪），被阿拉伯人视为"天堂圣果"。

文献记载，大约在北魏时期（386—534），甜瓜被传入中国。但是，东汉时期（25—220）《神农本草经》已收载"瓜蒂"，列为"上品药"，其所称之瓜蒂，即是甜瓜之瓜蒂。而中国考古工作者，1973 年在湖南长沙马王堆一座公元前 163 年的汉墓，发现未腐烂的女尸胃肠道内遗留未被消化的甜瓜子。上述两事例，都证明在北魏以前的汉代，甚至更早年代，中国境内已有甜瓜了。

甜瓜又名甘瓜、蜜瓜、香瓜等，品种繁多，新疆哈密瓜是驰名的甜瓜变种之一。元代李志常和清代禁烟英雄林则徐（1785—1850）等，对新疆的甜瓜都赞誉有加。前者在所撰《长春真人西游记》写道："（新疆）甘瓜如枕许，其香味盖中国未有也。"后者在《回疆竹枝词》写道："（新疆）桑葚才肥杏又黄，甜瓜沙枣亦糇粮……""糇（音 hóu）粮"含义为食粮、干粮。

中国古人食用甜瓜，体验到它具有滋养、止渴、消暑、清热、利尿、通便等功效。甜瓜蒂有催吐作用，汉代名医张仲景推荐的"瓜蒂散"，即是以等量的甜瓜蒂和赤小豆加工成的有效催吐剂。中国古人发现，取新鲜甜瓜叶捣汁涂头皮，能促进头发生长。此外，甜瓜子有驱蛔虫的作用。

根据现代科学知识，甜瓜果实富含葡萄糖、乳糖等碳水化合物，并有多量维生素 C。还含有少量蛋白质、β－胡萝卜素、硫胺素、核黄素、膳食纤维、树胶、树脂等。其所含矿物质中，钾含量颇多。食用甜瓜果实，能补充人体所需的某些营养成分，并促进人体的分泌及造血机能。甜瓜蒂所含葫芦苦毒素，能对胃黏膜产生刺激，起到催吐作用。

甜瓜对人体虽有诸多保健功效，但因糖分高，糖尿病患者应慎食。中医学认为，甜瓜属寒性食物，寒性咳嗽者不宜食，腹泻、便溏者也不宜多食。而在民间，有“甜瓜不宜和蟹、螺同食”的说法，尚需有关学者验证。

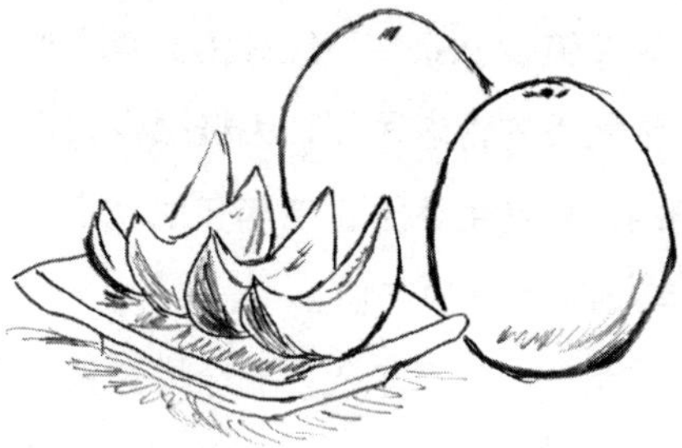

益身健体　酸　奶

酸奶作为人类的一种食品，历史久远。人类最初食用的酸奶，并非人工制成，而是放置于容器里的奶类（羊奶、牛奶、马奶等），在自然条件下经细菌发酵而成。由此推想，凡是食用动物奶类的古老民族，大概很少人没有吃过自然发酵之酸奶的，只是生活于古老年代的他们，根本不知道酸奶是奶类经细菌发酵的产物。

历史上，究竟在什么年代，哪个民族最先食用酸奶?如今显然无法考定。不过，文献上多认为，三千五百年前，生活于巴尔干（Balkan）半岛的色雷斯人（Thracian）是较早食用酸奶者。古代色雷斯（Thrace）民族，过着游牧生活，经常赶着羊群迁徙去其他草原，他们把盛有羊奶的羊皮囊缠于腰间以便需要时饮用。由于受到人的体温和外界气温的影响，羊皮囊内的奶类经细菌发酵形成凝块，这就是最初出现的酸奶。

考古学者认为，色雷斯民族在历史上从未建立过国家，只组成过部落联盟，他们生活过的土地，后来分别被接壤的土耳其、保加利亚、希腊兼并，最后又被古罗马占领而成为罗马帝国的一个行省。色雷斯人食用的酸奶，土耳其语称之为 Yogurt，这个词，据说是由 Yog 和 Urt 构成，前者意即“浓厚”，后者意即“牛奶”，所以 Yogurt 大概是指浓厚的牛奶。之后，英语称酸奶为 Yoguat，其渊源即此。后来，Yoguat 一词，音译成汉语为“优格”，音译兼意译成汉语为“优酪乳”。而“酸奶”“乳酪”“发酵乳”，则是根据其性质所定之名词。

人类食用自然条件下发酵的酸奶，历史虽然很久远，但是在很长时期里，对于酸奶的产生过程及其有益于人体的科学依据，人们却不是很清楚，直至 20 世纪初，它们才逐渐被学者阐明。其中，俄国学者梅契尼科夫（1845—1916）的研究与论述具有较大影响。梅契尼科夫青年时期对博物学与动物学已有浓厚兴趣，他在大学选读的专业及毕业后从事的工作，都是动物学、生物学门类。后来，因第一位妻子死于肺结核，第二位妻子死于伤寒病，他转而研究微生物和免疫学。他在研究海星时，发现其吞噬作用，进而认为白细胞能吞噬细菌等有害之物，因而提出“吞噬细胞学说”。可是，法国著名微生物学家、近代微生物学奠基人巴斯德（L. Pasteur，1822—1895）和德国细菌学家和免疫学家贝林（E.A. von Behring，1854—1917）等，起初对其不以为然。不过，梅契尼科夫的“吞噬细胞学说”后来被证明是正确的。

1888年，梅契尼科夫进入巴黎巴斯德研究所从事微生物学与免疫学研究。20世纪初，人类的寿命成为他的研究课题之一，他对不少国家居民的寿命进行调查后，发现保加利亚一些山区有较多百岁以上的长寿者。经考察，发现他们经常饮用发酵的牛奶，并且观察到该种发酵的牛奶，含有多量乳酸杆菌，它们在人体肠道内能抑制大肠杆菌等有害细菌的繁殖，从而减少肠道内毒性物质对人体健康的危害。因此梅契尼科夫得出结论：酸奶中的乳酸杆菌是增强人体健康、延年益寿的重要因素；保加利亚酸奶中的乳酸杆菌是优良菌种（他称之为“保加利亚乳酸杆菌”），因此，保加利亚酸奶具有更高保健效果。

1908年，梅契尼科夫报道了对酸奶及保加利亚乳酸杆菌的研究结果后，原籍希腊的西班牙医生、商人伊萨克·卡拉索（Isaac Carasso，1874—1939）受到启迪，他设法获得保加利亚乳酸杆菌良种，于1919年在西班牙巴塞罗那（Barcelona）小规模生产酸奶，以“Danone”之品牌出售，此名称是他从儿子登尼尔（Daniel Carasso，1905—2009）的名字衍生而来。起初，其出售之酸奶，被用于治疗消化不良、肠炎、腹泻等胃肠道疾病。

1923年，伊萨克·卡拉索把十八岁的登尼尔送到法国马塞（Marseille）学习商务。登尼尔留学法国期间，为获得更多有关培养乳酸杆菌的知识和技术，冀能生产更优质的酸奶，便于1925年到巴黎巴斯德研究所学习。

在掌握了改善培养乳酸杆菌和生产优质酸奶的技术后，1929年，登尼尔在巴黎生产出售“Danone”品牌酸奶新产品，吸引了不少购买者。并且，其他一些国家有人受到启发，也生产酸奶出售。1933年，在捷克布拉格（Prague），有人把水果酱加进酸奶中，制成甜点出售，受到人们喜爱。1947年，登尼尔把酸奶引进美国，改用“Dannon”品名出售，并且生产加进草莓等水果之酸奶，加上学者们对酸奶保健功效的高度评价，使酸奶大受青睐。其中，美国营养学家格罗德·豪叟（B. Gayelord Hauser，1895—1984），于1950年出版其撰著《显得更年青，活得更长久》（*Look Young，Live Longer*），书中推荐了五种对人的容貌和生命起着重要作用的食物，酸奶被列于首位。自 20 世纪 50 年代以来，世界上制售酸奶者之众，食用酸奶者之多，不知凡几矣！

学者们研究证实，酸奶除了保存奶类（牛奶、羊奶等）原有的营养成分外，还提升了其中某些营养成分含量，促进它们被人体吸收。酸奶对人体的保健功效，主要有：抑制肠道内的有害细菌（例如大肠杆菌等）的繁殖，减少它们所产生的毒素；调整肠道细菌群，防治腹泻与便秘；有些人因乳糖酶缺乏或其活性减弱，牛奶或羊奶在肠道内不能完全消化分解，导致发生“乳糖不耐受症”（又称“乳糖消化不良”，症状主要有胃肠道痉挛、胃痛、腹痛、腹泻、胃肠胀气等）。酸奶含有多量乳糖酶，可以减少乳糖不耐受症的发生；奶类经乳酸菌发酵后，其蛋白质分解成较细微的肽和氨基酸，因而更易被人体消化吸收；酸奶中含有易被人体吸收的乳酸钙，有益于防治骨质疏松症；酸奶提高了某些维生素（尤其 B_{12}）的含量；乳酸杆菌生长过程中，能促进胆固醇代谢分解，从而降低人体血清胆固醇含量，对防治心血管疾病甚有裨益；因慢性疾病而长期服广谱抗菌素者，会使肠道内的有益菌也受到抑制，饮服酸奶后，能减轻抗菌素所造成的副作用；酸奶还能减轻辐射对人体的伤害，并有美容、防癌作用。

为保持酸奶对人体的保健功效和避免某些不良作用，酸奶不可加热，不可与药物或收敛剂同时食用，也不宜空腹进食。食用酸奶后应及时漱口，尤其是睡前食用酸奶，更应刷牙，以免引起牙齿过敏、龋齿等。

食品防腐　红　曲

红曲，是蒸熟的米饭粒经红曲霉发酵形成的制品，它是中国古代人民一项重要发明，在饮食和医疗上都有很高的实用价值。

中国古人发明红曲的具体年代，已难以考定，不过，从汉末文学家王粲的《七释》之记述，可以大致推知。《七释》关于红曲的记述，后来，唐代徐坚等人所辑《初学记》作了引述："……瓜州红曲，参糅相半，软滑膏润，入口流散"。王粲的生卒年为公元 177 到 217 年，表明至迟在距今一千七百多年前，中国人已经制造和应用红曲了，而彼时的瓜州，位置相当于现今江苏省邗江县南部地区。

红曲又称丹曲、赤曲、红曲米、红米。历史上，福建（尤其是古田）的红曲以质优驰名，故它又有福曲之名。

红曲中的红曲色素，是中国人用于食品染色的安全红色素之一，它被广泛应用于制作红肠、卤肉、叉烧肉、无锡排骨、酱鸭、红腐乳、红糟、寿桃馒头、红酒、饮料、蜜饯、糕点，等等。

红曲不仅是安全的食品着色剂，同时又是安全而有效的食物防腐剂，明代科学家宋应星，在所撰中国古代科学技术名著《天工开物》一书中，对红曲作了高度评价："世间鱼肉最（易）朽腐物，而此物（红曲）薄施涂抹，能固其质于炎暑之中，经历旬月，蛆蝇不敢近，色味不离初，盖奇药也。"

中国历史上，红曲兼作食用和药用，从中药角度看，内服红曲主要有活血化瘀、健脾消食功效，可用于治疗食积饱胀、瘀滞腹痛、产妇恶露不净、跌打损伤等；红曲外治主要为消炎防腐，可用于小儿头疮外敷治疗。

20世纪七八十年代以后，中国和其他国家、地区的学者们，对红曲进行多方试验与深入研究，陆续发现了它对人体保健的新作用、新价值。

1979年，日本学者在土曲霉和红色红曲霉的发酵物中，筛选出一种有明显降血脂作用的物质，此种被称为摩纳科林（monacolink）的物质，能对人体内的胆固醇合成酶产生专一的抑制作用，从而能有效降低血脂。之后，美国学者研制成治疗高血脂的药品。后来，其他国家有些制药厂也对红曲的制剂和效用陆续进行研究。

红曲霉有不少亚种，1979年，有学者从多种红曲霉的红曲中，分离出一种红曲杀菌物质，此种物质后来被证明是桔霉素（citrinin），人若大量或长期食入此物质，对肝、肾将产生毒性。为避免此种毒副作用，研究者从数百种红曲霉菌里，筛选出不会产生桔霉素的菌种，并改进对它们进行发酵以制造降血脂药的设计，使产品既安全，又提高它们降低血液胆固醇、中性脂肪及乳糜微粒的效能。有学者把改进后的红曲制剂与西药洛伐他汀（lovastatin）类降血脂药进行比较，观察到两者降低血液胆固醇的效果相近，但前者不仅能降低血液中的低密度脂蛋白（坏胆固醇），还能提升血液中的高密度脂蛋白（好胆固醇），而后者无此优点。

红曲中除了含有降血脂和抗菌防腐物质，还含麦角固醇、生物黄酮、皂苷、膳食纤维、氨基多糖等，对高血压、心血管病、脂肪肝、非胰岛素依赖性糖尿病，都有不同程度防治功效。此外，它对预防骨质疏松、肿瘤以及缓解疲劳，据说也有助益，可以说有着喜人的发展前景。

耐贮易运　黄花菜

黄花菜为百合科多年生草本植物，作蔬菜食用的主要是其花蕾，因其花朵多为黄颜色而得名。一种花蕾细长似针，又称金针菜。

中国人栽种黄花菜作蔬食，历史久远。人们虽然主要以其花蕾作蔬菜，但并不局限于此，明代朱橚《救荒本草》就曾指出金针菜的花、叶、芽都是“嘉蔬”。黄花菜既可单独烹饪成数种有特色的素食，更可与其他食物搭配烹调出名目繁多的菜式菜谱。自唐代以来，中国海员出海航行，在备带的食物中，晒干的黄花菜和黑木耳是必备之副食品，这不仅因为它们可长期贮存，携带轻便，更重要的是在海员长期航行中它们能提供多种营养成分，对维护海员身体健康很有裨益。

中医学认为，黄花菜有健胃消食、补血止血、安神明目、促进分泌乳汁、清热消炎、利尿去湿等功能。有文献介绍：黄花菜一两，水煎，加适量红糖，早饭前一小时内服，连服三四天，可用于内痔出血的对症治疗；黄花菜、红糖各三十克，煎汤内服，可防治感冒；还有，取新摘取的黄花菜花蕾三十克捣烂，可用于乳腺炎的外敷治疗，等等。

现代科学研究得知，黄花菜包含的营养成分较广，它富含维生素 B_1 和 B_2、胡萝卜素、尼克酸、蛋白质、膳食纤维，而维生素 E、钾、钙、镁、铁、锰、锌、磷、硒的含量也颇可观。有报道说，它还含有助孕素和生物激素。新鲜黄花菜维生素 C 的含量也较高。可见，黄花菜确实是一种很好的保健食物。孙中山先生在其著述和生前演讲中，多次提倡人们宜常食黄花菜、黑木耳、豆腐、黄豆芽，赞赏它们是寻常食品中的良蔬。

食用新鲜的黄花菜，有一点需注意，就是避免食进秋水仙碱，因为在鲜黄花菜花蕊中含有多量秋水仙碱，此种物质被食入后，会引发人体中毒，出现咽干、头昏、头痛、恶心、呕吐、腹痛、腹泻等症状，严重中毒者可能发生呼吸抑制、血尿、血便等。因此，对新鲜黄花菜应摘去其花蕊，或者将它们放入沸水中焯一两分钟，或者置于高温蒸之，以消除其毒性，避免中毒。经过加工的黄花菜干制品，已无毒性，故可安全食用。

超级佳果　蓝　莓

蓝莓，是地球上最早自然生长的少数蓝色食物之佼佼者，它虽是一种很古老的植物，可是，人类对它的认知却很迟，直至20世纪70年代以后，人们才较全面了解并证实它对人体保健的多方面卓著功效。

蓝莓的英文名称为blueberry，含意为蓝色浆果，它的原产地主要在北美洲一部分地区，相当于现今美国北部和加拿大的一些地域。居住于上述地区的原住民——印第安人，据说在距今五百年前已食用蓝莓（笔者推想可能要早得多），他们发现食蓝莓有助于人体御寒和改善视力。第一次世界大战期间，英国空军飞行员根据北美洲印第安人食用蓝莓的经验，推想食用蓝莓或许能提高飞行员夜航的视力，经试用后，果然有助益。

研究者报道，蓝莓呈蓝颜色是因为含有花青素

（Anthocyanin），其果皮中的含量尤多。蓝莓的维生素C含量也相当高，此外还含有天门冬氨酸、谷氨酸、赖氨酸、锰、铁、硒等。蓝莓中的花青素和其他成分的含量因品种不同而有差异，一般而言，野生者高于人工栽培者，而前者还含黄色槲皮苦素、黄酮醇配糖体和紫檀芪。

由于蓝莓所含花青素特别丰富，它对人体的保健作用广及各器官和各部位。首先，它有很强的保护血管功效，诸如维护血管机能和血液循环，抑制并减少低密度脂蛋白胆固醇（坏胆固醇）沉积于血管壁，防止动脉硬化，预防脑中风，延缓脑力衰退，减少老年失智症，降低心肌梗死发生等。花青素可以维护人的眼部微血管壁，使血液循环正常，也有益于恢复眼球组织的机能，延缓视网膜退化，改善视力等。长期使用电脑者，常食用适量蓝莓能增强眼睛在黑暗环境中的适应能力，并延缓视觉疲劳的发生。

根据现代科学知识，人体细胞和器官组织的退化、衰老、免疫力下降以及各种疾病的发生，主要是人体细胞新陈代谢过程中产生的自由基对组织造成损伤的结果，自由基若未及时清除，累积愈多，损伤愈大。蓝莓中的类黄酮物质能有效清除自由基，减少其损害，从而提高人体生理功能，增强防病力，延缓各器官与组织老化，也有益于美容。此外，蓝莓中的黄酮醇配糖体、槲皮素和紫檀芪都有一定的防御肿瘤作用，而后者对预防结肠癌功效更为明显，并且还有抗炎作用。

蓝莓正因具有上述诸多保健和治病功效，因而获得“超级水果”之美誉。近几十年来，虽然不少学者对蓝莓进行研究后获得了较全面的认知，但从大范围而言，对蓝莓知晓者还很不普遍，截至 2014 年 6 月笔者撰写本文时，中国出版的各种门类的汉语词典，均还未见载“蓝莓”条目。另外，由于蓝莓迄今尚未在全球广大地区引种，产量远不能满足人们所需，故而物以稀为贵，其价不菲。因此，对于具有极佳保健价值的蓝莓，扩大种植并善加利用，当是很值得重视的事。

公孙之果　白　果

白果又名银杏，是现存“裸子植物”中最古老的一种，植物学家和考古学家根据古代植物化石研究分析，推想大约两亿年前，银杏树曾经是种类繁多、分布广袤、生长茂盛的多年生落叶乔木，但是，随着年代推移、气候剧变与地理环境变迁，银杏树种逐渐衰退，至二三百万年以前，它仅剩下生长于中华土地的一支“孑遗”树种，因而被植物学家喻为植物界的“活化石”。

历史上，银杏树还有“公孙树”“鸭脚”“鸭脚子”“鸭掌”等名称。“公孙树”的得名，一说是因银杏树的树龄长达千年甚至两三千年，人们把它与相传中华民族数千年前复姓“公孙”的祖先轩辕氏相比拟。另一说是新栽种的银杏树，需经十年左右才开始结成果实，并且年复一年结果，年代久远。这意味着祖父辈栽种的银杏树，后代一辈辈子孙都能采食其果，所以称为“公孙树”。至于“银杏”“鸭脚”“鸭掌”之名，元代农学家王祯《农书》记述：“银杏之得名，以其实之白。一名鸭脚，取其叶之似。”其后，明代医药学家李时珍（1518—1593）在《本草纲目》中进一步叙述：“（白果）原生江南，叶似鸭掌，因名鸭脚。宋初，始入贡，改呼银杏，因其形似小杏而核色白也。”

白果树自古生长于华夏大地上，据说，在秦、汉时期，人们已将野生银杏进行人工栽培。但是，唐代以前的文献对它的记述甚少。到唐代时，它往往被栽种于寺庙庭院中，因为它的树龄绵长，树姿硕大壮观，可以增添寺庙久远和庄重肃穆气氛。

从唐代起，中、日两国人民交往空前频繁，中国银杏树种也在此期间被引种到日本。这是因为从公元630到894年的两百六十多年中，日本朝廷派遣到唐朝的“遣唐使”据说有十二批，其中包括使节、留学生、留学僧等，每批达数百人，他们将中国多方面的知识、技术和经验带回日本，并可能带去了中国银杏等某些动、植物的物种。特别是，唐代高僧鉴真（688—763）应日本僧人之邀请，于公元754年到达日本，不仅传授佛学，同时还把中国的建筑学、雕塑术、医药学等介绍给日本人民，并且也带去了某些动、植物的物种。公元759年，鉴真在当时日本首都奈良，规划、指导建成“唐招提寺”。该寺庭院中迄今存活有许多白果树，有的很可能是当年鉴真一行带去的树种。

后来，中国的白果树陆续被引种到亚洲、欧美许多国家和地区，多数供观赏之用。

到宋代时，白果的名称由粗俗的“鸭脚”“鸭掌”，升格为高雅的“银杏”之名，这不单是因为它“核色白”，更主要是因为质优的白果被选为贡品进献宫中，北宋文学家欧阳修（1007—1072）写道：“鸭脚生江南，名实本相符，绛囊因入贡，银杏贵中州……”北宋时的“中州”，狭义指现今河南地区。而北宋的首都汴京（开封府）正是在“中州”。

白果因在宋代开始被作为贡品，人们对它赋诗的兴致也相应提高。有一次，北宋诗人梅尧臣（字圣俞，1002—1060）以银杏一百颗赠送年龄相近的好友欧阳修（字永叔，1007—1072），欧阳修收到梅尧臣馈赠后，赋诗《答圣俞李侯家鸭脚子》致谢梅尧臣：“鹅毛赠千里，所重以其人。鸭脚虽百个，得之诚可珍。”诗中把一百颗白果比喻为千里送鹅毛，礼轻却情意重，“得之诚可珍”！梅尧臣收到欧阳修致谢的赋诗后，也赋诗《依韵酬永叔示余银杏》奉复欧阳修："去年我何有？鸭脚赠远人。人将比鹅毛，贵多不贵珍。"梅尧臣和欧阳修通过银杏的馈赠与受赠，互相赋诗，怡情怡兴，给乍看低俗的"鸭脚"增添了趣事一桩。

银杏既可供单独食用，也可与其他食物烹饪成各种菜肴，既增添菜肴滋味，又能产生一定食疗效果。中国古人虽不知银杏所含各种具体成分，但逐渐发现它的外种皮和种仁有毒性，而前者更为明显。因此对白果的利用，应清除其外种皮和果芯，把果仁煮熟后食用，但不可进食过多，每次六到八颗为宜，否则仍有可能引起中毒。明代《本草纲目》引前代文献论述白果中毒症状，主要有"气塞""胪胀"（腹胀）"昏顿"。清代《随息居饮食谱》论述白果中毒者"昏晕如醉""食或太多，甚至不救"，并介绍用白果壳煎汤内服解除轻度白果中毒的方法。

银杏的保健治病作用，在元代以后中医文献论述中，主要为润肺、止咳、平喘、生津、清热、益肾、活血、收涩，可用于治疗痰嗽、咳喘、尿频、遗尿、遗精、赤白带等。古人以白果和其他药物配伍组成的名方，有"鸭掌散"，是取银杏、麻黄、炙甘草三种药物合煎成的内服汤剂，主治痰嗽、哮喘；"易黄汤"，是以白果、黄柏、芡实、山药、车前子配伍煎汤内服，主治黏稠量多的赤白带。古人还介绍用白果外治头面癣疮的经验：将生白果仁切断，以断面对患处“频擦取效”。

民间用白果做成对人体补益或疗疾的点心和食品，相当繁多，诸如：白果仁甜粥可生津、止渴、提神；白果仁、红枣汤可补益；白果仁、薏苡仁汤可补肺、补脾、补肾；白果仁炖老鸭可治疗尿频、遗尿，等等。

现代科研报道，白果仁含蛋白质、碳水化合物、脂肪、多量维生素E和硒，并有钾、钙、锰等。白果所含白果酸、白果酚、白果醇等物质（上述三者分别称为银杏酸、银杏酚、银杏醇），对人体既有药理活性又有毒副作用。实际上，白果所含成分十分繁杂，据说果仁中的氨基酸就有二十种，新鲜银杏树叶中的成分多达一百五十余种，因此，虽然不少学者对白果进行多方面研究，但对它的各种成分及其作用机理，迄今并未完全详悉。不过据近年报道，白果对人体保健功能，主要有：改善动脉、静脉和微血管血流；延缓衰老；改善记忆力；减少因血液供应不足而引起的四肢疼痛；改善因血流减少引起的听力减退；缓解眩晕症状；减少耳鸣；防止视网膜缺氧而引起的视力减退；改善高血压症；提升良性胆固醇含量；对前列腺疾病和阳痿有辅助治疗作用；预防癌肿，等等。

银杏新鲜树叶的成分中，黄酮类、萜类、维生素 C、奎宁酸等对人体有益，20 世纪 80 年代以来，有的制药厂从银杏新鲜树叶中提取有效成分制成丸剂，剂量准确，长期服用，效果良好。

白果固然对人体保健有诸多益处，但并非多多益善，前已提及食用过多会中毒。白果引起中毒的分量，因人而异，发生症状之前的潜伏期，也不一致，从十几分钟至十几小时不等。症状分别有恶心、呕吐、腹痛、腹泻、发热、头昏、头痛、烦躁、气促、感觉神经与运动神经功能障碍、昏迷、内脏器官衰竭死亡。因此，食用白果须恰当，切忌过量，冀能获得良好效果。

益降血栓　黑木耳

黑木耳，简称木耳，别名有云耳、光木耳、细木耳、黑菜、耳子、木蛾、木枞、树鸡等，李时珍《本草纲木》解释："（木耳）曰耳曰蛾，形象也……曰鸡曰枞，因味似也。"古人对"树鸡"还另有一解释："树鸡，木耳之大者。"大概是因为称"树鸡"的木耳质优，故它在古人诗文中屡有反映。例如唐代文学家、哲学家韩愈（768—824）有《答道士寄树鸡》一诗；宋代文学家、书画家苏轼（1037—1101）有"黄菘养土羔，老槐生树鸡"之诗句。

中国古人食用和栽培黑木耳，年代久远，他们发现自然环境中许多树木枯腐之后都会生长着寄生的木耳，而生成于不同树种腐树干的木耳，其质量也有出入，李时珍就曾指出："木耳各木皆生，其良毒亦必随木性，不可不审。"正因有此种认识，古人主要采食生长于桑、槐、楮、榆、柳五种腐树干上的木耳，称为“五木耳”，另也采食生长于枣、柞等树干上的木耳。

在中国人民饮食和食疗史上，木耳的菜谱繁多。6 世纪中期，北魏农学家贾思勰撰成的《齐民要术》，最早对木耳菜谱之一的“木耳菹”做法作了较具体记述：采集长成于枣树，或桑树，或榆树，或柳树干上的湿软木耳，放入水中煮至五沸以消除其腥味，然后把木耳捞起置于冷水里淘洗洁净，再用酸浆水过一遍，冲洗净，取出木耳切成细条，最后同豆豉汁、酱油、米醋、生姜末、花椒末以及少量胡荽、葱白一道拌匀，食之“甚滑美”。

古人以黑木耳作蔬菜食用过程中，逐渐察觉到它对人体有滋养强壮、清肺益气、生津补血、去瘀生新、润肠通便等功用，因而木耳早已被用于某些疾病的辅助治疗。例如，缺铁性贫血者，可煮食黑木耳和红枣；月经量多者可煮食黑木耳和红糖；便秘、痔疮出血，可煮食黑木耳和柿饼；脱肛可煮食黑木耳和黄花菜，等等。

根据现代科学知识可知，黑木耳属担子菌纲木耳科。木耳菌丝生长于腐木或其他基质所形成的子实体，外观分别有红褐色、棕褐色、黑褐色等，其实质为半透明的胶质，所含成分依生长的不同树种而不尽一致。通常含有蛋白质、脂肪、卵磷脂、脑磷脂、鞘磷脂、多种维生素、植物胶原、食物纤维、甘露聚糖、木糖、葡萄糖、发酵素、生物碱、铁、碘、硒、钾、钠、钙、磷、镁等。

黑木耳能降低血小板凝集性，防止血栓形成，降低血脂和胆固醇，延缓动脉粥样硬化，很有益于防治冠心病与脑中风。黑木耳的植物胶原有很强的吸附力，它在肠道内能把误食入的粉尘、头发、谷壳等各种异物吸附排出体外。黑木耳中的生物碱能促进消化道及泌尿道的腺体分泌，有助于防治胆结石、肾结石。木耳所含甘露聚糖、木糖和食物纤维，对减少人体血糖波动及调节胰岛素分泌有一定的帮助，是糖尿病患者的良好食物。黑木耳的卵磷脂、脑磷脂等有利于维护脑力和记忆力。此外，黑木耳还具有防止贫血和便秘，延缓衰老，减少癌肿发生，以及减肥等诸多方面保健功效。

烹饪后的黑木耳，易被人体消化吸收，是优良的菜肴和食疗佳品。例如：黑木耳三十克、猪瘦肉二百克、红枣二十枚，煮熟，每日食一次，适于面部色斑或暗黑者食用。再如：黑木耳、黄花菜各取适量同炒，适于高血压、冠心病患者食用。又如：黑木耳、豆腐各取适量同炒或同煮，适于动脉硬化、冠心病患者食用。

黑木耳对某些疾患还有外治功用，有报道称黑木耳可用于褥疮的外治：取焙干黑木耳三十克研细末，白砂糖三十克，两者混合拌匀，用温开水调成糊状，外敷于褥疮局部，每天换药一次，对褥疮有促进愈合作用。

由于黑木耳有降低血小板凝集作用，月经期间妇女、施行手术之前后者及拔牙者，最好少食或暂不食黑木耳，避免增加出血。有出血倾向者应慎食木耳。木耳因有润肠通便作用，慢性腹泻者也不宜多食，以免加重腹泻。

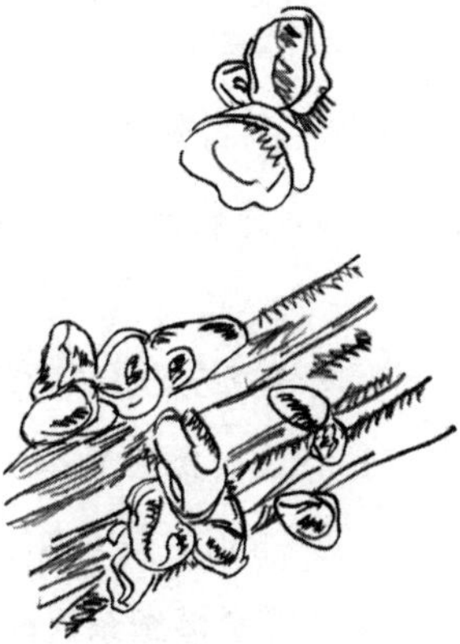

健身抗病　紫　菜

紫菜，是生长于浅海岩礁上的藻类植物。新鲜紫菜的外观颜色，因其所含叶绿素、叶黄素、胡萝卜素、藻红蛋白、藻青蛋白等的分量不同而略有差别，因而呈现红紫、绿紫、黑紫、棕绿等，干燥后主要呈紫色，中国古人把它烹调作菜食用，故称紫菜，别名有乌菜、紫英、子菜、索菜，并且根据它的外形和滋味，还有长紫菜、圆紫菜、皱紫菜、甘紫菜等名称。

公元 3 世纪，西晋文学家左思（约 250—约 305）《吴都赋》记述：吴都海边诸山，悉生紫菜。5 世纪南北朝时期，医学家陶弘景（456—536）在《本草经集注》记述，食紫菜能“治瘿瘤结气”。2 世纪东汉时，文字学家许慎（约 58—约 147）《说文解字》写道：“瘿，颈瘤也。”常见者也就是后来所称的甲状腺肿大，多因缺碘所引起。

7世纪唐代孟诜《食疗本草》说，紫菜“生南海中，正青色，附石，取而干之则紫色”。宋代时，紫菜被作为贡品。

中国人食用紫菜，形式多样：单独嚼食紫菜、煮紫菜汤、卷紫菜卷、与其他食物一道煮汤，和其他食物一起烹饪等。

根据现代科学知识，紫菜因品种不同而其成分也不完全一致。但不论何品种，都富含碘质，是补充人体碘质的理想食物之一。紫菜的牛黄酸能促进脂肪酶活性，降低人体的坏胆固醇，抑制神经痉挛，减少焦虑，并对肝脏有保护作用。紫菜所含二十碳五烯酸（Eicosapentaenoic Acid，简称EPA）、二十二碳六烯酸（Docosa-hexaenoic Acid，简称DHA），能降低血脂，调节血液黏稠度，减少血栓形成，增强脑功能，延缓衰老及抗炎症、防癌。紫菜所含胆碱能延缓记忆力下降；所含甘露醇有利尿作用，可作为水肿患者的辅助治疗。紫菜的食物纤维，能帮助通便，减少便秘与直肠癌的发生。此外，紫菜还含多种氨基酸、维生素（A、B_1、B_2、B_{12}、E、PP）、矿物质（钾、钙、磷、铁、钠、镁、锰、硒）等，对维护骨骼、牙齿和其他器官功能，以及治疗贫血，均有助益。

总之，紫菜有广泛的生理和药理作用，包括调节人体糖与脂肪代谢、减缓冠状动脉与脑动脉硬化、改善视力、抑制胆结石形成。进食紫菜能获得多方面保健功效，故它被赋予“长寿菜”美誉。

为尽可能避免钙质与鞣酸或草酸结成不溶性化合物对人体的不利，紫菜不宜与鞣酸或草酸含量较多的食物同烹饪。中医学则认为，脾胃虚寒、腹痛、大便溏薄者，应少食或暂不食紫菜。

“谏果”称誉 青 果

青果又称青橄榄、橄榄，别名有青子、甘榄、忠果、谏果、余甘子等。起源于中国的橄榄和起源于地中海沿岸的橄榄，虽然都称橄榄，并且都是常绿乔木，但在植物学上却不是同一科，前者名副其实属于橄榄科，后者则属于木樨科，且因富含橄榄油，故称为油橄榄。

中国人民食用青果，历史久远。据考古学者从广东一处汉墓出土的橄榄核推算，食用青果的历史至少有两千多年了。3世纪时，晋代郭义恭《广志》记载：“余甘子，如梭形，初入口，舌涩；后饮水，更甘。”正因为初食时青果味涩难咽，但经咬嚼片刻后转为味甘口爽，口感“先涩后甜”，故古人把它比喻为“忠言逆耳”的“苦谏”，称它为“忠果”“谏果”。宋代诗人赵蕃（1143—1229）就曾在《倪秀才惠橄榄》中写有“直道堪嗟故不容，更持谏果欲谁从？”的诗句。14世纪时，元代诗人洪希文（1282—1366），以《尝新橄榄》为题赋诗，生动地赞咏青果的形态、性味与功效：“橄榄如佳士，外圆内实刚。为味苦且涩，其气清以芳。侑酒解酒毒，投茶助茶香。得盐即回味，消食尤奇方。”明代医家李时珍的《本草纲目》记述：“橄榄名义未详。此果虽熟，其色亦青，故俗呼青果。”并且，他还介绍了古人将木钉于橄榄树干内以巧收橄榄的办法：“橄榄树高，将熟时将木钉钉之，或纳盐少许于（树）皮内，其（果）实一夕自落。”

中医学认为，青果性味涩、酸、甘，具有生津、止渴、利咽、清热、解毒、解酒、解鱼鲠、消胃积等功效。例如，对鱼骨鲠喉者，古人具体治法之一是嚼青果汁含咽，或取青果汁含咽。对于酒醉昏闷者，以青果十枚煎汤饮服。对于咽喉红肿疼痛者，清代《王氏医案》的治法为饮服“青龙白虎汤”（鲜青果和鲜白萝卜煎汤饮服）。现代有人根据上述经验，取青果十枚、鲜白萝卜二百五十克煎汤内服，用以治疗咽喉炎、咽喉肿痛和扁桃体炎。对妊娠呕吐，有人介绍取鲜青果数枚，去核，捣烂，加水煎服治疗。

人们在日常生活中食用青果，除嚼食新鲜者之外，通常是食用经过加工者，如拷扁橄榄、五香橄榄、蜜渍橄榄、咸橄榄等。适当嚼食橄榄，不仅是休闲，同时还能起到生津润喉、消除口臭、清洁口腔、帮助消化等作用。

新鲜青果所含成分，突出者为维生素C和挥发油。经研究者分析，发现其挥发油成分很复杂，有数十种，也有说多达百余种，诸如橄榄醇、甲醇、麝香草酚、柠檬烯，等等，青果之所以有生津、润喉、清热、助消化、解酒、护肝等作用，主要得益于挥发油中的多种成分。青果之苦涩味，主要是其中鞣酸所致。

中国历史上，有些地方的居民食用青果时，还有某些民俗。据说在广东潮州地区，春节期间有的人家用于招待宾客的果品之中，特别要配置槟榔和柑橘，“槟榔”的广东方言谐音“宾临”，“柑橘”寓意“大吉”。后来，槟榔被滋味近似的青果取代，其寓意仍然是“宾临大吉”。潮州地区居民对青果的爱好，还体现在潮州的菜谱里，有的菜肴加进青果共烹调后，别有一番滋味。

济世良谷　绿　豆

人们在日常生活中，谈到某些琐碎小事时，往往会以绿豆作比喻，“芝麻绿豆小事”即是常常被用到的一句谚语。然而从绿豆对人类的日常生活影响和保健医疗作用考察，它却是很有裨益的食物与药物。元代农学家王祯就曾盛赞绿豆“乃济世之良谷也”。明代医药学家李时珍也高度评价：“（绿豆）为食中要物……真济世之良谷也。”

绿豆为一年生豆科草本植物，中国是它的主要发源地之一。中国古人很早已把绿豆作粮食，例如煮绿豆粥、蒸绿豆饭、酿绿豆酒。将绿豆磨成细粉，可作绿豆沙、绿豆糕、绿豆粉皮、绿豆粉丝。宋代陈达叟在《本心斋蔬食谱》里，对绿豆写了十六字“赞”：“碾破绿珠，撒成银缕，热蠲金石，清沏肺腑。”绿豆经水浸湿后萌发的绿豆芽，是菜中佳品，南宋诗人方岳称赞它为“玉髯”，明代诗人陈嶷则形容它为“冰肌玉质”。

中国历代人民在食用绿豆过程中，逐渐发现了它对人体的保健医疗功效，诸如解暑止渴、清热解毒、补益元气、滋润皮肤、消浮肿、利小便、止腹泻、减消渴、益视力、疗丹毒等。绿豆粉除了具有和绿豆基本相同的营养及保健医疗功效外，它还可作外用药取效。绿豆粉和滑石粉以二比一之比例拌匀成“爽身粉”，可扑治暑月痱子。将绿豆粉置于洗净油腻的锅内，经微火炒成浅黑，用米醋调成糊状，涂敷于初起痈肿处，能减轻乃至防止其发展。将绿豆粉和芝麻油调成糊状，涂敷于皮肤溃疡处，能减轻疼痛与炎症，并促进溃疡愈合。

此外，古人把绿豆或绿豆壳（又名绿豆衣）置于枕芯内作枕，经应用一段时间后，有助于明目和治疗头风头痛。

根据中药学理论，绿豆性味甘、寒，故认为“脾胃虚寒滑泄者忌之”（《本草经疏》）。

为便于人们和习医者对绿豆性能功效的了解与利用，明代医学家李梴在《医学入门》书中，用歌诀予以介绍：“绿豆甘寒解诸毒，热风消渴研汁服；更治霍乱消肿浮，作枕清头明眼目；粉掺痘疮不结痂，脾胃虚人难克伏。”

现代科学研究得知，绿豆含蛋白质、碳水化合物、脂肪、胡萝卜素、硫胺素、核黄素、尼克酸，还含有可观的钾、镁、磷、锌、硒等，对人体保健很有裨益。

研究者认为，绿豆除具有补益消暑、解毒保肝等功效外，还有良好美容作用，它能保持皮肤滋润、维护皮肤弹性、排除皮脂及皮肤深层废物、减少皮肤色斑、防治皮肤粉刺与汗疹等。用以绿豆粉调制的面膜敷面，能延缓面部肌肤老化。

据报道，绿豆芽是高水分、低糖、低脂肪（一百克绿豆中脂肪含量仅约零点一克）、富含维生素C和食物纤维的“瘦身菜”，既能减肥，又能减低人体胆固醇含量。取绿豆芽五十克、甘草十克、红糖适量煎汤服食，对消除过敏、解酒、解毒有一定效果。

在人类日常生活中，绿豆经加工可作成绿豆汤、绿豆糕、绿豆沙月饼、绿豆棒冰等多种点心小吃。绿豆芽与其他食物相互搭配，冷拌热炒的菜谱名目繁多，在一定程度上丰富了人们的物质生活。

绿豆价廉物美，兼具营养保健和疗病功效，现今人们对绿豆和绿豆芽的更深入认识与利用，表明中国古人称赞绿豆为“济世之良谷”，是确有其一定道理的。

补血去湿　赤　豆

人们饮食中常见的赤豆，其实包含了另一种大同小异的赤小豆，两者是一年生草本豆科植物赤豆和赤小豆的种子，它们还有红豆、红小豆、朱赤豆、小豆等别名，久而久之，赤豆成为它们的泛称。

中国是赤豆的主要起源地之一，中国人食用赤豆，历史久远。赤豆饭、赤豆粥、麦饭赤豆羹等，都是人们的主食的数种形式，明代医药学家李时珍说赤豆“可煮可炒，可作粥、饭、馄饨馅并良也”。正因赤豆可作为粮食充饥，它在中国古代还有过被巧妙地用于战争并因此取胜的故事：公元1世纪初，东汉光武帝刘秀登基不久，派遣“前将军”邓禹率军进攻赤眉起义军，在一次战斗中，赤眉军佯败，故意撤退，特地留下一部分辎重，并且把整袋整袋赤豆遮盖在辎重上面。邓禹之部队占领赤眉军阵地后，兵士们发现赤眉军撤退时“来不及运走”的大量赤豆，纷纷只顾搬取赤豆补充军粮，就在此时，赤眉军迅速杀个回马枪，结果邓禹部队溃不成军而大败。此故事被记载于《东观汉记·邓禹传》里。

中国古人很早采用赤豆治疗疾病，自汉代以后的文献记述，服食赤豆有助于利尿去湿、消退水肿、排脓血、止泄泻、治脚气病、强健筋骨、产妇通乳汁等。生赤豆研成粉末，以清水或蜂蜜调成糊，用于外敷患病局部，可治疗“痄腮”（相当于腮腺炎），据《本草纲目》引《朱氏集验方》说：宋仁宗（赵祯）在东宫时，患痄腮，命道士赞宁医治。赞宁取小豆（即赤豆）七十粒研为细末，（调成糊）敷之而愈。用调湿的赤豆粉末外敷患病局部，李时珍说“其性黏，干则难揭”，并介绍说“（调）入苎麻根末即不黏”。

据现代科学实验得知，赤豆含蛋白质、碳水化合物、脂肪、纤维素、胡萝卜素、硫胺素、核黄素、维生素E、尼克酸、钾、镁、钙、铁、锌、锰、硒等，是对人体很有益处的红色食品。特别需强调的是，有报道说：赤豆具有较好的延缓人体细胞老化的作用；赤豆富含钾，能利尿和消肿，对防治高血压与心血管疾病有裨益；赤豆含铁量也较多，能防治缺铁性贫血，妇女由于月经耗血，食赤豆有良好的补血效用。

煮赤豆汤须在其煮烂以后加糖，太早加糖则赤豆难以煮烂。此外，赤豆在人体胃肠道内有时可能发生饱胀积滞情况，煮赤豆汤时加入适量陈皮，将减少其胀气积滞缺点。

赤豆是普通的食物，然而却能被烹调成众多特色食品，赤豆汤、赤豆糕、豆沙包、豆沙粽、豆沙汤圆、豆沙春卷、豆沙馄饨、豆沙月饼、赤豆冰棍，等等，它们既是可口点心，又是补益食物，无论是在人们日常生活中，或是欢度年节时辰，常有它们的踪影，这是大家都很熟悉而毋庸细说的。

力抗败血 橙　子

橙子，简称橙，又名香橙、黄果、金球、柳橙等，是芸香科常绿乔木橙树的果实，有甜橙和酸橙两大类。

据《中国农业百科全书》等记载，起源于中国南部与东南部以及亚洲中南地区的甜橙，15 世纪起被引种到亚洲以外的许多地方。公元 1417 年，葡萄牙人从中国把甜橙引种到里斯本，之后它被引种到其他一些欧洲国家，后来又传播到美洲、非洲、大洋洲许多国家和地区。如今，甜橙已成为柑橘类水果中产量最大的“家族”，良种达四百余种。

中国人是最早把野生橙树进行人工栽培者，两千多年前，西汉辞赋家司马相如（约前 179—约前 117）的《上林赋》里，写有“卢橘夏熟，黄甘橙榛”之句，表明汉武帝诏令在京都长安附近建立的“上林苑”（皇家园林）中，已栽种橙树了。公元 1973 年，中国考古人员在长沙马王堆一座公元前 163 年西汉古墓中，发现香橙的果核，佐证当时香橙已被上层人士作为陪葬品。

中国的甜橙，品种甚多，通常在秋季成熟的黄色果实挂满枝头，此时橘树上的果实还是碧绿，所以苏东坡的《赠刘景文》诗中写道："荷尽已无擎雨盖，菊残犹有傲霜枝。一年好景君须记，最是橙黄橘绿时。"欧阳修《赋橙》则写道："嘉树团团俯可攀，压枝球实渐斓斑。"两位宋代诗人借橙子黄熟和斑斓的特征，咏赞绮丽金秋的来临。

自古以来，中国人民采食橙子，既作鲜果，又可用蜜或糖将其加工成为橙饼、橙膏、橙酱等，也可作为烹调其他食物（如蟹、鱼等）的佐料。此外，中国古人还以橙子做药用，食用橙肉、橙饼能生津止渴，促进食欲、止恶心呕吐、消除腹胀、醒酒、化解食物中毒（如腐坏鱼、蟹等不洁食物所引起的中毒）。橙子皮除上述功效，还有化痰、止咳、理气、利膈等功用。橙子果核炒干研为细末，以酒调服，可用于治疗腰部扭伤所导致的疼痛和屈伸不便。将新鲜橙肉捣烂每夜涂敷面部，经一段时日，能减少面部粉刺、黑斑。

对于橙子的治病功用，清代乾隆年间医家朱钥的《本草诗笺》写道："橙施方药自来稀，性具酸寒毒莫依，美荐雕盘香馥郁，圆成金日色光辉。酒醒可喜功能解，蟹毒尤欣力足挥，核治闪腰兼挫痛，炒研服罢愈堪几。”其咏赞之诗句，基本符合实际。

现代科研分析，橙子各种营养成分与含量，因品种不同而不尽一致，较突出者是富含维生素C和P，并有多量β-胡萝卜素和黄酮类抗氧化物质，还有柠檬酸、苹果酸、果胶、膳食纤维、钙、磷、钾、镁、硒等；橙皮富含挥发油、橙皮苷、芸香苷等；甜橙富含碳水化合物。据报道，长期每日食橙两三个，能增强血管弹性、有效防治坏血病（维生素C缺乏症）；提高人体高密度脂蛋白（好胆固醇）、降低低密度脂蛋白（坏胆固醇）；减少胆囊疾病；降低某些部位癌肿发病率（主要是口腔、食管、胃）；以及防治便秘等。

食橙子，最好是果肉和汁一道食用，以取得更好的营养价值，若把橙子榨成果汁饮用，在榨汁过程中，维生素C、P等将有所损失，并且膳食纤维和多种矿物质不能很好利用，殊为可惜。有学者实验证明，橙汁暴露于空气中，由于氧化作用，橙汁中的维生素C等成分，也会有所损失，因此，喜欢饮新鲜橙汁者，最好是现榨现饮。

谈论橙子，还有一史实很值得提及，即它对人类防治败血病的丰功，不过，当初人们不知道这是由于它富含维生素C所产生的功效。

回顾世界航海史，在相当长的时期里，古代欧洲的海员，乘帆船远航，饮食中长期缺乏新鲜蔬菜和水果，导致绝大多数人发生坏血病，症状包括：牙龈与肌肤出血、贫血、伤口难愈合、骨质疏松易折、免疫力下降、内脏出血与机能衰竭乃至死亡。在相当长时期里，人们茫然不知其病因主要是缺乏维生素 C，故而未能采取有效防治措施。直到 18 世纪，苏格兰医生林德（J. Lind，1716—1794）经细心探索研究，发现食用新鲜蔬菜或洋葱或柠檬汁或酸橙汁或苹果汁，能有效防治坏血病，而以柠檬汁或酸橙汁的功效尤佳。1754 年，他撰文作了报道。

1795 年，英国和法国发生战争，英国海军部门为避免海军发生败血症，采用了林德的办法，每天供应出海的海军一定量的酸橙（Lime）汁，结果士兵中再无发生败血症患者。由于英国海军人员在较长一段时期里每天饮用酸橙汁，在饮服期间引起皮肤暂时发黄，所以人们戏称他们为“酸橙人”（Lime Juicers），这成为人类防治败血证历史上的一桩趣事。

六大功能　粥食

自古以来，“粥”是中国广大地区居民喜爱的主食形式之一，《周书》说“黄帝始烹谷为粥”，表明中国人民食粥的历史十分久远。

粥有稠厚、稀薄之不同，在古代，其名称也有别。《广雅》称粥之厚者为“鬻”（读音 yù）。然而，鬻还有卖、买、养育、炫耀等含义。古代文献对粥的厚薄还有多种名称，本文不予罗列细述。

食粥之益处，清代黄云鹄《粥谱》说：一省费，二津润，三味全，四利膈，五易消化。其实，从更广的角度而言，粥食至少有六方面的意义和作用，也就是说六大功能，即：敬老、节约、救荒、疗疾、养生、美食。

《礼记·月令》记载：“仲秋之月，养衰老，授几杖，行糜粥饮食。”《汉书·武帝纪》载：“民年九十以上，已有受粥法。”表明春秋战国时期到汉代，政府规定：供应粥食作为奉养年老寿高者的一种福利。然而，后来此种规定未能得到切实贯彻，《汉书·文帝纪》载：“诏曰：今闻吏禀，当受鬻者，或易陈粟，岂称养老之意哉！”指出操办煮粥人员作弊，把储存多时的陈旧老米取代新米煮粥供应寿高老人，已失去尊老、养老的原意。

人们长时期以粥代替饭食，其节约意义不言而喻。清代进士阮葵生（1727—1789）在其《茶余客话》中引录明代诗人张方贤《煮粥》诗：“煮饭何如煮粥强，好同儿女细商量。一升可作三升用，两日堪为六日粮。有客只须添水火，无钱不必做（一作问）羹汤。莫嫌淡薄少滋味，淡薄之中滋味长。”此诗既咏吟食粥之节约意义，同时还赞美食粥之滋味。从另一角度而言，食粥与家贫有密切联系。宋代秦观《春日偶题呈钱尚书》：“日典春衣非为酒，家贫食粥已多时”的诗句。黄云鹄《粥谱·序》中所说的“吾乡人讳食粥，讳贫也”，意思是说有的人忌讳说自己和家人食粥，怕别人看不起，都是穷困人家食粥度日实情之写照。

历史上，由于旱灾、水灾、虫灾以及战乱等，导致粮食歉收的情况累有发生，对于灾民、难民的慈善措施之一，首先要解决其饥馑，而供应粥食则是最为简捷的应急办法，对此，中国历代史书及文献有颇多记述。《南齐书·刘善明传》：刘善明家有积粟，因青州饥荒，躬身饘（读音 zhàn）粥，开仓以救乡里，幸获全济。人名其家田曰“续命田”。所谓“躬身饘粥”，是说亲自煮稀饭。《明史·蔡清传》引述林希元《荒政丛书》所载，嘉靖八年（1529）救荒“六急”之一为：“垂死贫民急饘粥”。明代耿橘《荒政要览·条议荒政煮粥》提到：荒年煮粥，全在官司处置有法，就村落散设粥厂。而《明史·王宗沐传》还详细列出“赈粥十事”。可见，粥食对于荒年灾民赈饥，作用极大。

食粥疗疾，历代文献均有不少记述。两千年前，《黄帝内经》的《素问·玉机真脏论》记载说：“浆粥人胃，泄注止，则虚者活。”所谓“泄注止”，是说止住泄泻。被尊为“医方学之祖”的汉代名医张仲景，高度赞赏食粥辅助疗病之效，他在《伤寒论》第一首方剂“桂枝汤方”中即提出：“（桂枝汤）服已须臾，啜热稀粥一升余，以助药力。”明代韩懋《韩氏医通》记述了他采用食粥疗病的验案：“一人淋，素不服药，予教以专啖粟米粥，绝他味，旬余（病）减，月余痊。”引文中的“淋”字，中医学的含义为小便涩痛或小便滴沥不尽。古代中医还把粥食作为患病初愈者促使进一步康复的食疗。明代名医吴有性在《温疫论》中，力主：“……大病之后，客邪新去，胃口方开，宜先与粥食，次糊饮，次糜粥，次稀饭，尤当循序渐进。”清代医家王士雄《随息居饮食谱》称许：“病人、产妇，（粳米）粥养最宜，以其较籼为柔，较糯不黏也。”如将米与不同的药物或食物合煮成各种药粥、菜粥则疗病作用更广更大，清代医家章穆《调疾饮食辩》说：“粥能滋养，虚实百病固己。若因病所宜，用果、菜、鱼、肉及药物之可入食料者同煮食之，是饮食即药饵也，其功更奇更速。”

食粥不仅能疗疾，而且还可养生，这是中国古人又一宝贵认识和经验。北宋诗人张耒《粥记》写道：“每晨起，食粥一大碗，空腹胃虚，谷气便作，所补不细，又极柔腻，与肠胃相得，最为饮食之良。”南宋诗人陆放翁的《食粥》诗中，对粥的养生之功说得更加明白：“世人个个学长年，不悟长年在目前，我得宛丘平易法，只将食粥致神仙。”清代养生家曹庭栋在其《养生随笔》中，大为推崇食粥的养生价值，认为“粥能益人，老人尤宜”，故主张老人应把粥品作为常食，并且，他特在书中列出了具有养生疗病作用的粥品一百种。

中国地域辽阔，各族习俗不尽一致，各地民间用米配以各种食物、果子合煮成的粥品，五花八门，名目繁多，诸如赤豆粥、绿豆粥、红枣粥、苡仁粥、莲子粥、花生粥、甘薯粥、韭菜粥、羊肉粥、鱼生粥、海参粥、腊八粥……它们有的是美味小吃，有的则兼有美食、美容、健身作用，真是风味纷呈，功效各异，不胜枚举。

中国古人在煮粥和食粥的历史中，还有过某些轶闻趣事。

晋代名人魏咏之，患先天性唇裂（兔唇），经殷仲堪帐下名医为他施行“割而补之”的整形手术后，遵医生之嘱，吃了一百天粥，此事见于《晋书·魏咏之传》中，这是古代中医成功施行修补兔唇之美容术的最早记载。

古代文献里，谈及白居易受赏赐“防风粥”之事。《金銮记》说，白居易任职于翰林院时，皇帝曾赐他“防风粥一瓯，食之口香七日”。吃过防风粥之后，“口香七日”，显然是过分夸张了。不过，既然防风粥能被皇帝作为赏赐之品，表明此粥之非同寻常。

《新唐书·李勣传》也记述一则煮粥的故事。据载，唐代大将李勣晚年服侍患病的姊姊，亲手为姊煮粥，但因李勣长期军旅与做官，对煮粥炒菜之类家务十分生疏，并且自己年事已高，煮粥时不留神，自己的长须竟然被炉火焚及，李勣的姊姊知悉后，即戒止李勣以后不可再为姊煮粥了，李勣回答说：“姊多疾，而勣且老，虽欲数进粥，尚几何？”坚持继续煮粥侍候姊姊。因此，后人把兄弟姊妹之间真挚深厚的感情，喻为“煮粥焚须”，此历史名人煮粥之佳话，也因之成为富含深意的成语。

北宋著名政治家、文学家范仲淹也有一则十分感人的食粥故事。他的少年与青年时期，都是在清贫生活和刻苦攻读中度过，在此期间，他每日三餐吃的常是腌菜粥。据《范仲淹年谱》载，他二十二岁时，读书于长白山，每天把粥盛于一器皿内，午餐吃一半，早、晚餐为另一半。菜则是“断齑（读音 jī，此处指腌菜）数茎，入少许盐以啖之，如此者三年”。范仲淹二十七岁时，就学于南都学舍，仍然以腌菜粥度日。有一“留守”官之子也就学于此，目睹范仲淹之苦况，回家禀告父亲，其父即把官府饭菜嘱儿子带去送给范仲淹。但范仲淹始终不碰这些饭菜。“留守”的儿子见此情后，对范仲淹说：我父亲听说你很清苦攻读，特让我带可口的饭菜赠送你，而你一直不肯吃，是否“以相浼（读音 měi，含义“沾污”）为罪乎”？范仲淹深表谢意地回答：“非不感厚意，盖食粥安之已久，今遽（读音 jù，此处含义“突然”）享盛馔，后日岂能啖此粥乎！”他正是为了日后自己仍能吃得起苦，所以没有接受“留守”赠送的美食。从这点也可看出，范仲淹后来的成就和他的“先天下之忧而忧，后天下之乐而乐”传世名言，同他青少年时期清贫生活和刻苦奋斗的磨炼，不无密切的渊源。

中国古人食粥历史中，还有一则故事：相传周代周宣王年代（公元前827—公元前782年），有一年发生天灾，粮食歉收，一位大臣在自己住家院子里，架起了大锅，熬煮了大量糜粥，除了自己全家老少食用，还救济周围灾民到他家院子里食粥解饥，由于众多人同时一起喝粥，据说喝粥的声响，远在几里外都能隐约听到。此故事所说几里外能听到众多的人聚在一起喝粥的响声，显然是太夸张了，但由此而衍生的“啜（读音chuo）粥声闻”的典故，却成为中国古代人民食粥的一桩趣闻！

以上所述，虽属点滴，然而却从不同的侧面，反映出中国粥品与粥食文化的丰富多彩。

雅号珍珠　玉　米

人类的谷类食物中，排名第三的是玉米。其“祖先”据学者考证，是中美洲、南美洲北部和北美洲西南部的野生黍类。远古时代，生活于北美洲西南部和中美洲北部的墨西哥先民，最早食用某些野生黍类的籽粒。在约六千年前，他们把变异性较强的野生黍类进行栽培，使原本植株和结籽细小黍类，一代代演进，逐渐形成了数百个新品种，其结籽增大、增多并且变得甜糯，成为后来的良种玉米。

正因墨西哥人最早并长期食用玉米，他们对玉米一直怀有不渝之深情，数千年来，当地流传着不少有关玉米的神话传说，也产生了和玉米有关的独特文化。墨西哥人民的日常生活中，玉米既是重要的主食，也是烹制众多菜式与点心的材料，无论普通用餐还是喜宴乃至国宴，玉米食品都不可或缺。达可（Taco）——油煎玉米粉卷饼（包裹鸡丝、沙拉、洋葱、辣椒等），多迪亚（Tortilla）——玉米粉圆饼，都是墨西哥人十分喜爱的食品。墨西哥人对玉米之钟情，足以被一段名言证明，节译成汉文是："我们创造了玉米，玉米也造就了我们……我们是玉米人。"真是何等深情之言！

公元1492到1502年，航海家哥伦布（C. Colombo）一行人，四次从西班牙乘船先后到达北美洲、中美洲和南美洲一些国家与地区，他们从墨西哥等国家返回西班牙时，把玉米等植物种子带回，经农民栽培生长、繁衍，逐渐被引种到世界许多国家和地区。

玉米被引种到中国的具体年份已难查知，"玉米"之名是明代科学家徐光启（1562—1633）在《农政全书》里首先提出。之前，见载于文献中的"玉麦"，即是后来所称的"玉米"。

现存中国古代文献中最早记载"玉麦"的，是明代医家兰茂（1397—1476）的《滇南本草》，书中说"玉麦须"："味甜，性微温。""治妇人乳结红肿……乳汁不通。"《滇南本草》约成书于明代成化十二年（1476），这表明在哥伦布从墨西哥把玉米带回西班牙之前，中国境内已栽种玉米了。

对玉米之栽种与形态，成书于明代嘉靖三十九年（1560）的《平凉府志》，最早作了简要论述："番麦，一曰西天麦，苗、叶如蘜秫而肥短，末有穗如稻而非实，实如塔，如桐子大，生节间，花垂红绒在塔末，长五六寸，三月种，八月收。”文内“番麦”即玉米，“塔”即玉米棒。

玉米对环境适应性强，易栽种，春玉米成熟早于其他谷类，而且未完全成熟的玉米也可煮食，是有助人们度过“青黄不接”时期的良好食物。因此，玉米被引种到中国后，很快流传到许多地方“安家落户”，并且产生了许多名称，有学者统计达一百余种，诸如玉麦、番麦、玉蜀黍、玉米、苞谷、粟米、棒子、珍珠米，等等。良种玉米最初传入中国时，因很稀珍，曾被当作贡品进献皇帝食用，因而有“御麦”之称。明代文学家田艺蘅成书于万历元年（1573）的《留青日札》写道：“御麦，出于西番，旧名番麦，以其曾经进御，故曰御麦。”

玉米品种繁多，颜色有白、黄、红、紫、彩；质地有甜、糯、玉米笋、普通；用途有食用、饲料、工业原料。还有不同之产地和栽种季节，因此其所含成分不尽一致。

一般而言，玉米含蛋白质、碳水化合物、脂肪、卵磷脂、胡萝卜素和其他维生素（B_1、B_2、B_6、C、E 等）、矿物质与微量元素（钙、磷、钾、钠、铁、镁、锌、硒等），以及膳食纤维、叶黄素等。

据报道，玉米所含谷胱甘肽，被称为“长寿因子”。在硒元素参与作用下，它会生成谷胱甘肽氧化酶，对人体有延缓衰老功效。

黄玉米含较多胡萝卜素和玉米黄素，后者又称玉米黄质（Zeaxanthin），对预防眼底黄斑变性和白内障有益。

需特别叙述者，紫玉米（也称黑玉米）含丰富酚化合物（Phenolic Compounds），它们包含在植物化学素（Phytochemicals）之中。植物化学素是植物存活的重要物质，也是人类生存不可或缺物质之一，它还具有防癌功用，主要是降低肠癌、乳癌和前列腺癌的发病率。

紫玉米的花青素，是蓝红色的类黄酮物质，它的强效抗氧化性质，具有抗细胞突变之功效，并且能抗炎，促进人体血液循环，改善微循环，减少血栓发生，降低胆固醇。

研究者报道，紫玉米含十八种氨基酸、二十一种微量元素、多种维生素和天然色素，是上乘的营养佳品，故有“黑珍珠”美名。

玉米的花柱和花头俗称玉米须，早在明代《滇南本草》中已载述其治疗妇人乳结红肿、乳汁不通等，后人又发现它的利尿、利胆道、消水肿等功效，如今可作为肾炎、糖尿病、胆道疾病等患者的辅助食疗。

玉米油是从玉米胚芽中提炼出，富含不饱和脂肪酸，还有维生素 E、维生素 A、卵磷脂、β－胡萝卜素等，具有辅助

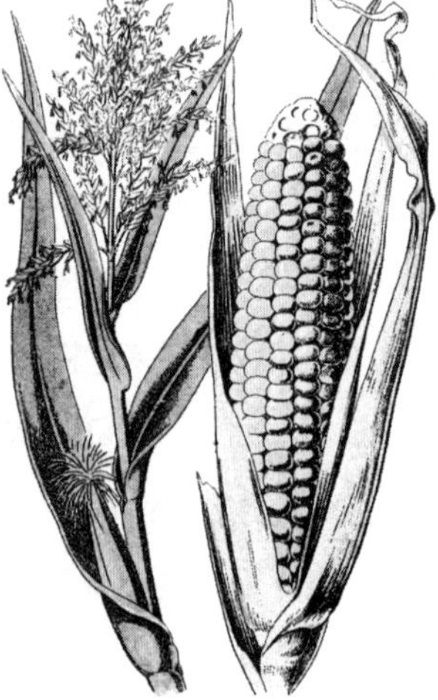

降血脂效用，对心血管疾病、皮肤病、夜盲症等有改善作用。

玉米固然对人体有着诸多保健治病功效，但也有其缺陷，如：缺乏赖氨酸和色氨酸。若长期以玉米做主食而缺少其他食物，以致饮食不平衡，可能引起糙皮病、情绪抑郁、睡眠不宁等；又如，玉米含尼克酸虽并不低，但因是结合型，不易被人体吸收。因此，食用玉米应同时进食富含赖氨酸、色氨酸、尼克酸等之食物，例如黄豆、豆腐皮、黑芝麻、香蕉等。

有名有实 燕　麦

人类从不断尝试中逐渐认识食物，进而对之获得更多、更深刻认识，燕麦就是突出实例之一。

中国古代，在相当长时期里，人们不仅认为燕麦不可食，甚至对它颇为鄙视，古代含有贬义的成语“兔丝燕麦”，即是“有名无实”之意。6世纪北齐历史学家魏收（506—572），在编撰的《魏书·李崇传》中记述：“今国子虽有学官之名，而无教授之实，何异兔丝燕麦，南箕北斗哉！”北宋大臣、历史学家司马光（1019—1086），在编撰的《资治通鉴·梁武帝天监十五年》中引载了此段文字，其后，宋元之际文史学家胡三省对之注释说：“言兔丝有丝之名而不可以织，燕麦有麦之名而不可以食……皆谓有名无实也。”引文中的兔丝，是指植物菟丝子，它虽有“丝”之名，然根本无丝，怎能织成丝织品？然而燕麦却是可食之物，例如：明代朱橚《救荒本草》

载："燕麦去皮后，作面蒸食及作饼食，皆可救荒。"《本草纲目》记述燕麦"充饥滑肠"。而现代科学更确证燕麦是大有益于人体保健的佳品。

正因燕麦对人体有多方面保健功效，1982 年在美国举行了第一届"国际燕麦大会"（International Oat Conference），主要宗旨为：推动及加强各国燕麦研究人员和燕麦产业开发人员之间的交流与合作，促进培育高产优质燕麦，使世界人民更好地利用燕麦。1985 年和 1988 年，先后举行了第二届、第三届"国际燕麦大会"，其后定为每四年举行一届。2012 年，由中国主办，在北京举行了第九届，2016 年在俄国圣彼得堡举行第十届，这充分表明燕麦受到世界人民的高度重视。

燕麦是禾本科一年生草本植物，野生者多生长于旷野、荒地、废墟，所以元代文学家廼贤（1309—？）的《城南咏古·妆台》，写有反映野生燕麦生长环境的诗句："废苑莺花尽，荒台燕麦生。"燕麦的得名，明代《本草纲目》记述是因"燕雀所食，故名"。所以，雀麦是它的又一名称，此外还有玉麦、莜麦、油麦、铃铛麦等别名。

燕麦的品种，以穗粒的皮是否易于脱落，可分为两大类：穗皮不易脱落者称皮燕麦，世界许多国家地区栽种的多为此类；穗皮易于脱落者称为裸燕麦，中国栽种的多为此类。

据现代科研报道，上述两类燕麦所含成分大致相近，突出者主要为：β－葡聚糖、不饱和脂肪酸、多酚类化合物、人体八种必需氨基酸。

β－葡聚糖是由一系列葡萄糖分子聚合成的非淀粉类多糖，它在人体内有重要作用：一是提升巨噬细胞活性，增强对侵入人体的致病菌、病毒和真菌的杀灭作用；二是β－葡聚糖在人体肠道内发酵产生丙酸、丁酸等，能抑制腐败菌，促进益生菌，防治便秘和某些原因的腹泻，减少肠道癌肿发生；三是β－葡聚糖在人体肠道内消化成黏稠胶状（俗称燕麦胶），把含有胆固醇的胆酸包裹，减少坏胆固醇被吸收；四是β－葡聚糖因其黏稠性，在胃内能延缓食糜排空，使人有饱腹感而减少进食量，并且也减少肠道对糖分吸收，起到调节血糖水平和减肥作用；五是促进造血功能，增加白细胞和红细胞生成，减轻辐射对人体伤害；六是有良好的保湿性，能滋润皮肤，舒缓皮肤不适（如晒伤、皮炎等），促进皮肤伤口愈合，延缓皮肤老化，减少皱纹，用燕麦提取物可制成护肤美容品等。

燕麦所含不饱和脂肪酸较高于其他谷类食物，主要为亚油酸、亚麻酸，它们是人体必需的脂肪酸，其作用有：维护细胞正常生理功能；提高脑细胞活性，增强思维和记忆力；

降低胆固醇和甘油三脂；降低血液黏稠度，改善血液循环；合成前列腺素的前驱物质等。

燕麦含多酚类物质（阿魏酸、儿茶酚等）、维生素 E、类黄酮化合物等，在人体内产生抗氧化作用，消除有害自由基，延缓细胞衰老。

燕麦含有多种氨基酸，其中有比例较平衡的人体必需的八种氨基酸，还有维生素 B_1、B_2、叶酸、纤维素、钙、磷、铁、镁、硒等，对维护人体生理功能和免疫功能、预防癌肿等疾病，都发挥各自的有益作用。此外，有学者研究发现，燕麦能吸收血液中一些酒精（乙醇），有一定解酒作用。

燕麦固然对人体具有多方面保健作用，但是为取得更好的实际效益，需注意掌握恰当的烹制方法和食用量，要点是使燕麦中的 β－葡聚糖、不饱和脂肪酸及其他各种营养成分释出，尤其是前者，需经充分溶解形成黏稠胶状后，才能产生各项生理功能。通常的经验是：生的燕麦片以充足水用温火煮二十到三十分钟，熟燕麦片以适量水用温火煮五分钟。进食燕麦一次不宜过多，以免妨碍消化吸收。大便溏泄者暂不食燕麦。另有一种意见，燕麦滑肠，对孕妇可能引起腹痛和先兆流产症状，所以认为孕妇应慎食燕麦。

最后需提及者，以“麦片”为名的商品，不一定完全是燕麦制品，有的除了一部分燕麦，还加进了大麦、小麦、玉米、豆类、奶精、香精等加工制成，因此选购麦片时需了解清楚。

药食均佳 山药

高梧策策传寒意，叠鼓冬冬迫睡期。

秋夜渐长饥作祟，一杯山药进琼糜。

陆游：《秋夜读书每以二鼓尽为节》

山药，古老的薯蓣科多年生缠绕藤本植物，中国古人很早就食用野生山药块茎，并对它进行栽培驯化。山药并非初始之名，早于此名称者有：薯萸（读音 xù）（《山海经》）；署豫、山芋（《神农本草经》）；薯蓣、诸署（《吴普本草》）；玉延（《名医别录》）等。山药名称的由来，是因为署豫、薯蓣名称两度须避讳皇帝之名，一改再改之后才确定。第一次是“豫”“蓣”两字，和唐朝“代宗”李豫之名同字或同音，故署豫、薯蓣被改为薯药。第二次是“薯”字和宋朝“英宗”赵曙之名同音，故薯药又被改为山药，一直沿用至今。

山药品种甚多，据报道在近六百种山药之中，可供食用和药用者仅约十分之一，主要为人工种植的家山药、田薯等。中国古代人民和医家在生活及医疗经验中，总结出河南怀庆、新乡地区的山药品种，质地优良，故称为怀山药或简称淮山。人们在日常生活中，用山药做饭菜，蒸、煮、炒、氽，风味各异其趣。

山药对人体的保健医疗功效，最早的中药学专书《神农本草经》列有："补虚羸，除寒热邪气、补中益气力、长肌肉、久服耳目聪明。" 其后，中医文献还载说，山药能治疗腹胀、泄泻、腰痛、尿频、遗精、健忘等。《本草纲目》则概括山药具有"益肾气、健脾胃、止泄痢、化痰涎、润皮毛"之效用。山药对人体不仅能单独产生保健医疗作用，还可以和其他药物配伍，组成治疗诸多疾病的不同方剂，历史上著名者，如温补肾阳的"金匮肾气丸"（《金匮要略》）；滋补肝肾的"六味地黄丸"（《小儿药证直诀》）；补气健脾、去湿和胃的"参苓白术散"（《和剂局方》）；主治尿频、遗尿、遗精的"缩泉丸"（《校注妇人良方》）；以及"玉液汤""杞菊地黄丸""知柏地黄丸"等，都有山药参与组成。

现代科学实验分析，山药块茎含薯蓣皂素、黏液质、果胶、胆碱、淀粉、蛋白质、多巴胺、多酚氧化酶、纤维素等，以及若干种维生素、矿物质、微量元素。有学者研究认为，薯蓣皂素是合成女性荷尔蒙的先驱物质，有滋阴补阳、增强新陈代谢功效；黏液蛋白能预防心血管脂肪沉积及动脉粥样硬化，同时也减少皮下脂肪沉积；多巴胺能扩张血管，改善血液循环；山药果胶为一种诱生干扰素的物质，能增加T淋巴细胞的活性，提高网状内皮系统吞噬功能，增强免疫力，抑制肿瘤细胞增殖；山药所含可溶性纤维，能推迟胃内食物排空，从而控制饭后血糖上升。此外，山药中所含微量元素硒，对预防癌肿也有助益。

用山药食疗滋补人体，不热不燥，作用和缓，对于手术后或病后身体虚弱者，以及接受化学疗法、放射疗法导致身体抵抗力下降者，进食山药、红枣等作为药物治疗之辅助，很有裨益。

新鲜山药容易和空气中氧气产生氧化作用，刮去皮的山药不宜长时间露置于空气中，应尽可能减少其营养成分的损失。

生的山药黏液里含皂苷，手或皮肤接触该种黏液后，导致过敏反应发痒，可用盐水或醋搽拭止痒。

防癌尖兵　番　薯

在清代以前，番薯是中国人从他国引种的可食植物之中的佼佼者，而它被引种到中国的过程，也颇具传奇性。

番薯为多年生藤本植物，原产地为美洲中南部。15世纪末，西班牙殖民者到达中南美洲，不久便把番薯引种到西班牙和一些欧洲国家。16世纪西班牙殖民者统治吕宋（今菲律宾）时期，又把番薯传播到吕宋。16世纪末，因经商而往返于吕宋和中国之间的福建人陈振龙，在吕宋有感于番薯易于栽种、产量大、味香甜、可代替粮食等诸多优点，认为倘若把它引种到中国，将大有助于解决中国缺粮地区的民食。可是，当时吕宋的西班牙统治者，禁止人们把番薯种外运他国。陈振龙经过思考和准备，于明代万历二十一年（1593）把生长期番薯藤和麻绳扎在一起，在航船中妥善培育，成功地运回到福建长乐家乡，随即和家人进行栽种，结果生长良好，收成丰硕，陈振龙全家为之兴奋不已。继而，他叮嘱儿子陈经纶把试种收获的番薯送呈当时福建巡抚金学曾，并陈述番薯“生熟可茹”“功同五谷”“民生所赖”等多方面优点和益处，恳求推广栽种，以解决民食和备荒。金学曾看到并品尝了前所不知的番薯之后，欣然同意陈振龙父子请求，传谕福建各县推广栽种番薯，结果均获得好收成，对救荒充饥产生了很大作用。人们感念金学曾支持推广栽种番薯之功，特将它命名为“金薯”。

后来，陈振龙的子孙后代把番薯的薯种和栽种农艺，陆续传播到浙江、江苏、山东、河北以及其他许多地方，都获得良好的结果。因此，陈振龙的五世孙陈世元特专门撰写《金薯传习录》，记述其祖上从吕宋把番薯引种回国事迹，同时叙述金学曾推广番薯及其传播各地情况。各地居民起初对番薯感到新奇，所以给它取名也不一致，如番薯、朱薯、金薯、红薯、白薯、红苕、甘薯、甜薯、山芋、地瓜等。

番薯传入中国后，主要供食用，古人还发现它对人体有补虚乏、益气力、健脾胃、防便秘等作用。20 世纪 50 年代以后，尤其是近二十多年以来，若干国家、地区的学者对番薯深入研究后，更增加了有关它对人体强身与防病功效的认识。

红心番薯含多量碳水化合物、β－胡萝卜素、维生素、胶原黏液物质，还含氨基酸（硫胺、赖氨酸等）、钙、铁、镁、钾等。因此，番薯能减少人体血管脂肪沉积、维护动脉弹性、保持关节腔润滑及皮肤滋润；番薯属碱性食物，能调节人体酸碱平衡；其所含纤维素和果胶，能防治便秘；所含钾元素，对高血压、中风有辅助治疗作用；所含脱氢异雄固醇，具排毒防癌作用。“世界卫生组织”2004 年春公布一份研究结果，番薯被排列在“最佳蔬菜”之榜首。

紫番薯，又称紫薯、黑薯，除了具有红番薯的成分和功效，它所含蛋白质氨基酸更易被消化吸收；尤其是它有较多花青素，在人体内清除自由基的效用更大。硒、钙、铁等矿物质的含量也多于其他番薯，故有更好的清除自由基和防癌保健功效。

番薯含大量淀粉，食用番薯需注意之处：一是最好不要生吃，因较难消化，并且有的营养成分未充分释出；二是蒸煮熟的番薯趁热吃较易消化吸收，煮熟的番薯冷却后，据说其淀粉分子重新组合变硬，较难消化吸收；三是番薯在胃里会刺激分泌胃酸，对胃肠道溃疡者不利；四是不要多吃，因它含一种氧化酶，在胃肠里会产生大量气体，引起胃腹胀气、打嗝、肛门排气。

番薯皮含碱量多，若连皮吃太多，会使胃肠不适。番薯被黑斑病菌感染后，会产生“番薯酮”“番薯酮醇”，使番薯皮出现黑褐色斑点，此种番薯对人体有害，须弃之。

山药蛋　马铃薯

马铃薯的起源与传播

当今，全球人类的日常主食中，米、麦等五谷类为第一位，马铃薯位居第二，然而它却又是重要的副食品之一，特别是在美、欧式的快餐中，它享有“显赫地位”。

马铃薯为一年生或多年生茄科植物的地下块茎，最早的野生品种，主要生长于南美洲安第斯（Andes）山区一带。有人推想，大约在一万年前，居住于上述地区的原住民已食用野生马铃薯，还推想该原住民约在公元前5000年将它人工栽培。

马铃薯发源地的具体位置，究竟相当于现今哪个或哪些国家的范围内？秘鲁（Peru）、智利（Chile）都自认为是马铃薯故乡。据报道，由美国威斯康辛（Wisconsin）大学发起的对马铃薯的发源地历史研究，通过对三百五十种不同的马铃薯遗传标记检验，确定马铃薯的起源地为：现今秘鲁南部区域，并由该区域的原住民最早人工栽培马铃薯。

文献记载，16 世纪后半叶，西班牙到南美洲的殖民者，从秘鲁把马铃薯引种到西班牙，1586 年，英国人从西班牙把马铃薯引种到英国，由于英国自然条件适于马铃薯生长，而栽种马铃薯比栽种谷类农作物易于管理，且产量高，因此，至 17 世纪 50 年代，马铃薯成为爱尔兰人民的主要粮食作物，继而，马铃薯逐渐普及至欧洲广大地区，成为欧洲居民的重要食物之一。1719 年，马铃薯被引种到美国，后来，它也成为美国居民的重要食物之一。

马铃薯的名称，据著名的《韦伯斯特氏新世界词典》（*Webster's New World Dictionary*）记载，英语 Potato 是从西班牙语的 Patata 所衍化，而 Patata 主要是渊源于古代南美洲安第斯山区原住民泰诺（Taino）语的 batata，上述三者的含义是指薯类，都没有用“马铃”来形容这些薯类。

17 世纪或稍前，上述薯类被传入中国后，由于它易于栽种生长和产量高等特点，被河北、山西、内蒙、东北数省、陕北、云南、贵州等广大地区的农民积极引种，以致它在各地有着不同的名称，例如洋芋、洋山芋、洋番薯之名，是因它从外国传入，其他还有阳芋、薯仔、土豆、山药蛋等名。而马铃薯之名，是因有的品种外观似乎像挂在马身上的铃铛而得。形象化的“马铃薯”以及“山药蛋”之俚名，可谓生动而颇有创意。

马铃薯传入中国后，较早对它的形态、栽培与食用价值等较明确记述者，是清代状元吴其濬（1789—1847），他因历任翰林院修撰、礼部尚书、巡抚、督学等，担任官职期间，曾迁徙、居住于中国北部、中部、南部、中南部、西南部许多地方，所以曾有“宦迹半天下”之称。由于对各地植物有着浓厚兴趣，吴其濬对所到之处的各种植物进行考察，用了七年时间撰著，于1847年完成《植物名实图考》一书，其中记载了贵州、云南的“阳芋”和山西的“山药蛋”，说它们“根实如番薯”，“味似芋而甘，似薯而淡”，能“疗饥救荒”，这些记述均符合实际情况。

马铃薯的食用与注意点

马铃薯传入中国后，中国人民主要将马铃薯作为一种主食兼副食品利用。20世纪80年代以来，有中医文献记述，食用煮熟的马铃薯，能健脾、和胃、润肺，对脾虚泄泻、大便干燥、虚劳久咳、尿频、乳汁稀少等，有辅助治疗功效。对腮腺炎，用醋汁将生马铃薯磨汁外搽患处，干后再搽，反复多次涂搽后，能获得一定疗效。臀部肌肉因多次注射药物而形成的局部硬结，用生马铃薯切片外敷局部，每日三次，施行数日后，硬结能逐渐消退。

现代科研得知，马铃薯富含碳水化合物，有多量蛋白质，主要为易溶性球蛋白，称为“马铃薯蛋白”，具有较高营养价值。马铃薯还含有胡萝卜素、维生素（B_1、B_2、B_6、C、E）、矿物质（钾、钙、磷、铁、镁、锌、硒）、纤维素等，其脂肪与钠含量低，是高血脂、高血压、心血管疾病患者的合适食物。

马铃薯有一特殊情况，当它被长时间放置于光线中，会逐渐转变为绿色，并产生有毒性的“龙葵碱”（Solanine）；而当马铃薯发芽后，该部表皮与肉质变成绿色或紫色，龙葵碱也会增多，若食入人体将引起中毒，其症状主要为头痛、腹泻、抽搐等，严重者甚至死亡，故须严予避免。

自从马铃薯的栽种扩展到全球广大地区以来，人们用马铃薯蒸、煮、炒、煎、烤、炸成的食品，种类繁多，食用马铃薯者不可胜数，其中，油炸马铃薯片、油炸马铃薯条，更是许多人所嗜食的，有的人食油炸马铃薯制品甚至成癖！21世纪初以来，不少国家的食品卫生研究者和防治疾病机构，反复警示：油炸马铃薯片和油炸马铃薯条，因吸入多量油脂和调味的钠盐等，加上食物经油炸可能产生的某些致癌物质，经常进食此种食品，将会对人体造成危害。英国心血管研究基金会，对一千一百五十三名八至十五岁儿童调查发现，有百分之四十九的儿童每天至少吃一袋三十五克的油炸马铃薯片，含油量达三点五小汤匙。若日复一日地吃油炸马铃薯片或马铃薯条，经过一段时日之后，不仅会导致人体高脂肪和高钠，还会使人体发胖，进而引发心血管疾病、脂肪肝、糖尿病等，因此大力呼吁：亟需改变包括马铃薯在内的油炸食品的烹调方式和食用习惯！

世界马铃薯大会

基于全世界栽种马铃薯地区广、品种又十分繁多的情况，1971 年，秘鲁在首都利马（Lima）成立了“国际马铃薯中心”（International Potato Center），继而，该中心设置了马铃薯胚质收藏库，据说有五千多种马铃薯在该库被认定了“身份”，其中，秘鲁发现的超过三千种。

20 世纪 90 年代初期，一些国家的有关人士和机构，发起组织非赢利的“世界马铃薯行业综合性大会”（World Potato Congress，简称 WPC）。1993 年，在加拿大举行了首届“世界马铃薯大会”，主题为：开展对马铃薯的科技、学术、产业、商贸等方面的交流与合作，促进共同提高与发展。

1994 年，在英国举行了第二届“世界马铃薯大会”，此届大会决定，以后每隔三年推选一个国家举办一届大会。因此，在其后的第三届至第九届，分别在南非（1997）、荷兰（2000）、中国（2004，昆明）、美国（2006）、新西兰（2009）、苏格兰（2012）、中国（2015，延庆）。在延庆举行的第九届“世界马铃薯大会”上决定：第十届“世界马铃薯大会”在秘鲁举行。

“世界马铃薯大会”从 1993 年举行第一届大会，至 2015 年第九届，中国先后被推选举办两届，主要原因为，中国是马铃薯产量第一大国，据报道，2010 年全世界马铃薯产量估计为三亿两千万吨，中国的产量近七千五百万吨，居世界之冠。

马铃薯获得了全球性的关注，除了“世界马铃薯大会”，“联合国粮食及农业组织”对之也很关注，2005 年该组织的一次大会上，秘鲁常驻代表提出关于马铃薯的增产和食用安全的建议，会议接受其建议，决定把 2008 年定为“国际马铃薯年”（International Year Of Potato），提请世界关注马铃薯的增产和安全食用等问题。

总之，对马铃薯既要研究培育良种和增产，同时还需研究推广卫生烹饪方式，消除其弊端，冀能使食用马铃薯获得更好的保健效益。

叶阔根硕　芋　艿

“香饭青菰米，嘉蔬紫芋羹”，这是唐代诗人王维《游感化寺》中的诗句，其中被称赞为嘉蔬的紫芋，就是芋艿。

中国是芋艿主要发源地之一，中国人民食用芋艿，历史久远。“芋”之得名，在两千多年前西汉初，毛亨、毛苌的《毛诗》解释说：“芋之为物，叶大、根实，二者皆堪骇人，故谓之芋。”引文中的“二者皆堪骇人”六个字特别点出了芋的突出之处，依此而推想，中国古人最初看到芋的叶片广阔，根（块茎）硕大，非常稀奇地发出“吁”惊叹声！因此，“吁”字可能曾经一度也表示“芋”，但是，芋艿是草本植物，所以后来“吁”字的偏旁“口”被草头（艹）取代，故而成为“芋”。

现今，通常泛指一物的芋艿、芋头、芋子等名称，其最初含义有所不同。古人把芋的“根”（块茎）称为芋头、芋魁，也称为芋母、母芋，从芋母四周衍生出的圆形小体，称为芋子。

人们还根据芋子的形态，把它比拟为母芋生出的乳头而称之为“芋奶”，后来，其奶字的偏旁“女”字被草头（艹）取代，因而成为芋艿。

芋头外表有褐色蓬松的粗毛和细毛，古人依据其外观，把它比拟为蹲伏于地上的鸱（读音 chī，背部毛色灰褐的一种鸟类）而称之为“蹲鸱”，南宋状元、诗人王十朋（1112—1171）在《食芋》中写道:“我与瓜蔬最相宜，南来喜见大蹲鸱”，诗中以“大蹲鸱”形容大芋头。

芋头和芋子虽然“其貌不扬”，但经去皮烹调的芋艿食品，名目繁多，给人以香、柔、滑、糯之嗅觉与味觉享受，每年中秋节前后，芋更是中国人民常食之品，不少地方还形成了含义不同的食芋民俗。据说，广东《顺德县志》有“八月望日，尚芋食螺”的记载，八月望日，是指农历八月里，月亮最圆的那一天，也就是中秋节。另据说，台湾高山族雅美人的民俗之一：若某家在中秋期间有新渔船下水，往往把芋头放置船舱，因“芋”和“鱼”“余”谐音，寓意捕鱼丰收和年年有余。在庆祝新船下水仪式后第二天，船主人把芋头取出，分送一部分给亲友、邻居，祝愿大家都有好运。

根据现代科学知识，芋艿是天南星科植物的地下球茎，其成分因品种不同而不尽一致。总体而言，它属碱性食物。

它富含淀粉、蛋白质、B族维生素，矿物质有多量氟，还有钙、磷、铁、钾、镁、锌、钠。芋的淀粉颗粒小，易被消化吸收，但胃肠功能不良者不宜多食芋艿。体质过敏者慎食芋艿。

芋艿含多量特殊的黏液皂素，对皮肤、黏膜有刺激性，所以芋艿须煮熟之后才可食。为避免芋艿黏液皂素对皮肤刺激性，在剥除芋艿皮、清洗芋艿时需戴手套，若手和皮肤接触芋艿黏液而发痒，可用姜汁搽拭止痒。

冰肌玉质　豆　芽

生根不入地，生叶不开花。

市场有得买，田里不种它。

这则民间通俗谜语，虽然谜底“豆芽”很容易猜出，但其歌谣式语句，读起来别有一番意趣。豆芽的原生物大豆，起源于中华大地。中国古人用人工方法使大豆、绿豆等发芽成为新品种蔬菜，从世界范围看，实在是一项卓越发明，对人类的生活与健康有着重要贡献。

中国古人最先生产的豆芽菜是黄豆芽（大豆芽）、黑豆芽（大豆黄卷），后来有绿豆芽，再后则有用蚕豆萌发的“发芽豆”，但是，历来人们对黄豆芽和绿豆芽更为喜爱，曾有不少人写诗赞咏，例如，明代陈嶷的《豆芽赋》，称誉豆芽“冰肌玉质”，细腻地咏颂它“子不入于污泥，根不资于扶植，金芽寸长，珠蕤（读音 ruí ，意为下垂或下垂之饰件）双粒，匪绿匪青，不丹不赤，宛若白龙之须，仿佛春蚕之蛰。狂风疾雨不减其芳，重露严霜不凋其实……物美而价轻，众知而易识”，并由衷地赞赏它能“涤清肠，漱清肌，助清吟，益清职”。此赋对豆芽形容真切，文字优美，令人百读不厌。

中国历代人民经过生活实践，不仅认识到豆芽作蔬菜之美，还体验到它保健治病之功。现存古代第一部中药专书、东汉时期的《神农本草经》载说，内服“大豆黄卷”能治疗湿痹、筋挛、膝痛等。其后的中医文献记载，食豆芽能治疗咽喉痛、减黄痰、利小便等，尤其是绿豆芽能清热解暑、化解酒醉、活血化瘀。孙中山先生在生前曾多次提倡，大众宜常食四种素食，豆芽赫然名列其中。

根据现代科学知识，大豆、绿豆在发芽过程中，发生多种有益于人体的变化，主要者如：降解了原先存在于豆子内的对人体不利的胰蛋白酶抑制成分，促进豆子蛋白质分解成易于被人体吸收的游离氨基酸；豆子浸湿发芽，也降低豆子所含植酸，使原先与它结合而难以被吸收的磷、钙、钾、铁、镁、锌、硒等，易于游离出，提高了人体对上述物质的吸收和利用；豆子发芽，能促进维生素 C 的生成和被利用，并且也不同程度提升了胡萝卜素、核黄素、尼克酸、叶酸、维生素 B_{12} 的被利用率。

豆子（尤其大豆）所含棉子糖、水苏糖等，在人体肠道内难以被消化酶分解消化，却被肠内的细菌发酵，产生大量二氧化碳、氢和少量甲烷气体，致使肠道内积气，引起腹胀不适和肛门频频排气。但是，豆子经发芽后，其原先所含棉子糖、水苏糖等，将明显减少乃至消失，腹胀等症状也可避免。

大豆芽和绿豆芽虽都是人体保健良蔬，但因大豆和绿豆所含成分的种类与含量略有不同，故它们对人体的作用也有些区别。明代李时珍曾评论说："诸豆生芽，皆腥韧不堪，惟此豆（指绿豆）之芽美白独异。"并且，历来中药文献更强调绿豆芽清热解毒、利尿除湿的功效。

黄豆发芽后，天门冬氨酸明显增多，常吃适量的黄豆芽，能减少人体内的乳酸积蓄，有助缓解人体疲劳。豆芽（尤其绿豆芽）的脂肪、糖分和钠含量都很低，没有胆固醇，很适于高血脂、高血压、糖尿病患者日常食用，并且也是减肥美容的良好食物。虽然如此，但在日常生活中，不可单单吃豆芽，而应顾及人体所需营养素的均衡。

豆芽含雌性激素，对防治骨质疏松有辅助作用，但是另一方面，若育龄妇女吃豆芽过多，可能会引起月经紊乱而影响受孕，因此，进食绿豆芽应适量。此外，中药学认为绿豆芽“性味甘寒”，所以体质虚寒，慢性肠炎泄泻者不宜多食绿豆芽。

据报道，近十多年来，食品卫生安全检查人员发现，有的生产、出售豆芽的商贩，为缩短豆芽生长期，增加豆芽重量，以及使豆芽外观白嫩、粗壮、无根须等效果，在生产、出售豆芽过程中，违规施用催生、漂白、防腐等化学剂，故亟须食品卫生安全监督者、购买食品者以及有关方面加强防范。

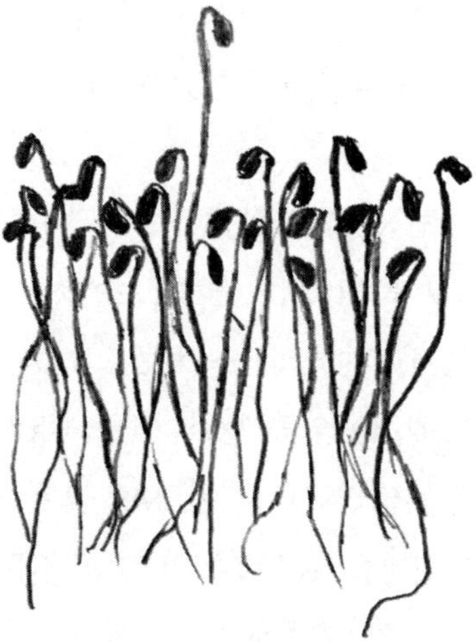

素食之主　豆　腐

清代名医王士雄在所著《随息居饮食谱》中，高度赞颂豆腐“贫富攸宜，洵素食中广大教主也”。孙中山先生则在《建国方略》中盛赞：“中国素食者必食豆腐，夫豆腐者，实植物中之肉料也。”

十分值得中国人民自豪的是，豆腐是中国古代人民的精彩发明之一，是人类巧妙利用植物蛋白的杰出范例！

中国是制造豆腐的原料——大豆（黄豆）的发源地，中国人民食用大豆的历史十分悠久，但是，用大豆磨汁煮制豆浆乃至制成豆腐的确切年代，现已难以确定，古代文献传说为西汉淮南王刘安所发明，李时珍在《本草纲目》中也持此说。西汉思想家、文学家刘安（前179—前122），是汉高祖刘邦的孙子，可能是他特别嗜好豆腐，以致于人们把发明制造豆腐归功于他。但是依常理而言，豆腐是中国人民大众在日常生活中的发现和发明，遗憾的是现存中国古代文献尚未见载发明制作豆腐的具体年代。

从现存中国古代文献看，最早简单写到制造豆腐之操作，是宋代寇宗奭的《本草衍义》，书中记载："生大豆……又可硙为腐食之。"硙（读音 wèi）是磨碎之意。而且，在宋代文学作品中也不乏歌咏豆腐的诗句，例如苏轼《答二犹子与王郎见和》的"煮豆为乳脂为酥"，其注释说豆乳为豆腐；陆游则在《邻曲》写有"洗鬴（釜）煮黎祁"，诗人自注说"蜀人名豆腐曰黎祁"。此外，宋代陶穀《清异录》记述，担任青阳县（地处现今安徽省芜湖市西南）的县令，名为时戢的，为官清廉，平日不食肉，而以豆腐为菜，当地人民称呼豆腐为"小宰羊"。可见，豆腐在宋代已成为人们的常食，其后更日益受到人们欢迎。清代文学家袁枚，也是一位美食家，曾高度评价"豆腐得味远胜燕窝"。

制作豆腐的方法，《本草纲目》有较详细记述，归纳而言为：将大豆置水中浸泡后磨碎，滤去渣，煮熟后，以盐卤汁或山矾叶或酸浆或醋或石膏末掺入，使之凝成豆腐。20 世纪 80 年代以来，豆腐厂家采用 β－葡萄糖酸内脂等新法制成的豆腐，能葆有更多蛋白质，质更嫩，味更美。

中国历代人民不仅在日常生活中食用豆腐，而且还把它用于治疗。李时珍总结前人与自己经验，认为豆腐具有宽中益气、和脾胃、消胀满、下大肠浊气与清热等作用。明代《食物本草》记载豆腐能预防水土不服，说“凡人客寓或官邸，初到地方，水土不服，先食豆腐，则渐渐调妥”。清代《本草纲目拾遗》介绍，豆腐可用于“清咽，祛腻，解盐卤毒”。此外，豆腐浆有补益、润燥、通便作用。豆腐渣可用于脓肿外敷治疗。

现代科学研究表明，大豆含有丰富的蛋白质，它可提供人体所需的多种氨基酸。大豆里有一层薄而结实的细胞膜，包裹着大豆中的营养物质，妨碍人体对它们的消化吸收；大豆里还有胰蛋白酶抑制素，它抑制胰蛋白酶的活性，妨碍胰蛋白酶对蛋白质的消化作用。大豆经磨碎加工制成豆腐后，既打破包裹大豆的结实细胞膜，也消减了大豆内里的胰蛋白酶抑制素，从而使大豆中的营养物质（包括蛋白质）能在体内得到更好的消化和吸收。

大豆还含有亚油酸、胆碱、维生素（B_1、B_2、E、K、P）、矿物质（钙、磷、钾、硒等），它们都对人体有益。

经过不少国家的学者深入研究，发现或证实，豆腐富含植物性雌性激素，其中“异黄酮素”（Isoflavone）尤其丰富，具有抗氧化、调控细胞分裂周期、增强骨质密度等作用，对预防动脉硬化和某些癌肿（乳房癌、卵巢癌等）、延缓骨质疏松症的发生以及改善更年期某些不适症状，能产生不同程度的功效。

豆腐中的不饱和脂肪酸，可降低人体血液胆固醇，也有利于减少动脉硬化的发生。有学者研究认为，常吃含有卵磷脂的豆腐等大豆制品，能增加脑内神经传递物质，对预防老年痴呆症有一定助益。豆腐所含半胱氨酸，能加速人体内酒精代谢，有助解酒，减少酒精对肝损害。而豆腐等大豆食品所含皂素（Saponin），能使人体肠绒毛抑制过度吸收脂质，将减少发生肥胖与糖尿病的概率。但在此需提及者，皂素有促使人体内碘质排出的副作用，经常吃大豆制品者，宜同时进食含碘多的食物，如紫菜、海带等。此外，豆腐等大豆制品含有嘌呤（Purine），因此，痛风、肾脏病患者，对豆类制品的食用，需妥为斟酌。

中国古人发明制造豆腐，不仅造福于中国人民，而且还对世界人民的生活和保健作出贡献。唐代期间，中国和日本两国人民交往空前频繁，从公元 630 到 894 年，日本朝廷派遣到中国留学的有十余批“遣唐使”，加之中国高僧鉴真一行人应日本僧人邀请于公元 754 年到日本讲授佛学及传播中华文化与生产技术等，中国古人发明制作豆腐的方法也因之传播到了日本。之后，又陆续流传到中国周边国家，继而传播到世界许多国家和地区。

总之，豆腐等大豆食品因对人体毋庸置疑的诸多好处，日益受到世界上越来越多人的喜爱，很多人深信：常进食豆腐等豆制品，是增强体质、获得长寿的重要因素之一。20 世纪 90 年代以来，有些国家新出版的词典里，编入了“TOFU”一词，正是由汉文“豆腐”直接音译而成，这也表明，中国古代人民发明的豆腐，在世界上所产生的广泛和深刻的影响。

枝蔓宛宛 豌 豆

在豆类蔬食之中，豌豆是可利用率较高者，不仅豆子可食，其枝蔓尖端的嫩梢和嫩叶（俗称豌豆苗，又名豌豆尖），以及无革质的豌豆软荚，都可以烹调供食用。法文“mangetout”，其含义之一为挥霍者，颇为有趣的是，它的另一含义竟然是：可以连荚一起吃的豆类，主要是指豌豆。

豌豆起源于亚洲西部、地中海沿岸地区和埃塞俄比亚，是一年生或二年生攀援植物，生长适应性强，早已被陆续引种到世界许多地方。文献记载，中国西汉建元二年（前139）、元狩四年（前119），张骞两度受汉武帝刘彻派遣前往“西域”，他率领随行人员返回中国中原时，把豌豆等植物种子带回栽培，后来逐渐被引种到中原许多地方。

中国古代，对北方和西部各民族称“胡”，从上述地区引进中原的产物，也冠以“胡”字，所以豌豆最初被称为“胡豆”，后来改称豌豆、青豆、青小豆、寒豆、雪豆等名。豌豆之名，明代李时珍说：“其苗柔弱宛宛，故得宛名。”所谓“宛宛”，是形容弯曲盘旋。豌豆的枝蔓弯曲攀援，“宛”字加“豆”偏旁而成为“豌”。青豆和青小豆，是因其颜色而得名。寒豆和雪豆，是因豌豆有不耐热、比较耐寒的生长特征而得名。

连荚可食的豌豆，汉文往往称为“荷兰豆”，清代乾隆初年编撰的《台湾府志》记载：“荷兰豆，种出荷兰，可供蔬品煮食，其色新绿，其味香嫩。”但近年一些文章谈到，在荷兰等欧洲国家，并无“荷兰豆”之名称。英国、荷兰等国家，有一种说法，可食的软荚豌豆，是中国广东等南方一些地方的农民培育出的，所以他们反而称之为“中国豌豆”（Chinese pease）。

中国人民历来不仅取豌豆、软荚豌豆、豌豆嫩梢与嫩叶做蔬食，还体验到它们的某些食疗效用，诸如助消化、止呕吐、止泻、催乳、利尿、通肠等。唐代医籍记述，豌豆研细末加工成“洗面澡豆方”，每日用它涂擦面部，保持约一顿饭时间洗去，经过一段时日，能淡化黑斑，使面部皮肤光泽。

现代科研报道，豌豆富含蛋白质和钾，有较多量碳水化合物、维生素A原、硫胺素、胡萝卜素、尼克酸、磷、镁、锌、硒和膳食纤维，还有其他不同含量的营养成分。

豌豆所含氨基酸达二十种，人体八种必需氨基酸全有，其中碱性赖氨酸尤为丰富，它对人体正常发育、成长和智力等，有着密切关系；它参与构成的肉碱，能把一部分不饱和脂肪酸转化为能量；赖氨酸和其他某些营养物质形成胶原蛋白，有益于人体骨骼、关节软骨、肌肉、肌腱等的保健；赖氨酸还能促进人体对钙的吸收、降低胆固醇，改善免疫功能，抗御单纯性疱疹和带状疱疹病毒。

豌豆荚和豌豆叶的丰富膳食纤维和叶绿素，对人体保健很有裨益；它们所含有止杈酸，有抗菌消炎作用；它们还含有能减少生成致癌的亚硝胺的酶，在人体内将降低癌肿的发生率。

豌豆与软荚以及嫩叶具有多量营养成分，而且低脂、低钠，是多数人群良蔬，更是高血压、高血脂、糖尿病、肥胖、便秘等病症的辅助治疗佳品。

食用豌豆需注意之处，一是不宜多食油炒的干豌豆，避免可能引起的消化不良或腹胀；二是用豌豆磨粉制成的粉丝，有的加进了明矾（绿豆、蚕豆等做成的粉丝也可能如此），不宜过多进食，以避免其中所含多量铝可能对人体的不利影响；三是消化不良者少食豌豆。

因蚕得名 蚕　豆

"翠荚中排浅碧珠，甘欺崖蜜软欺酥"，这是宋代诗人杨万里（1127—1206）所写的《蚕豆》诗句。"碧珠"是中国古人给蚕豆所取美名，诗中的"欺"字是"胜过"的意思，反映了诗人对蚕豆的赞赏之情。

蚕豆的名称被冠以"蚕"字，是缘于它的豆荚成熟季节及外观都和春蚕有些关联，元代农学家王祯《农书》说蚕豆在"蚕时始熟，故名"。明代医药学家李时珍说它"豆荚状如老蚕，故名"。

据报道，20 世纪 50 年代后期，中国考古工作者在浙江吴兴钱山漾新石器时代遗址发现蚕豆遗物，推测距今约五千年前，中国境内已有蚕豆植物生长。不过，现今中国人民所食之蚕豆，其"祖籍"据认为是亚洲中、西部和非洲北部等地区。公元前 2 世纪，汉代张骞奉汉武帝派遣，率领一行人两次前往“西域”（亚洲中、西部和非洲北部），他们返回中国中原时，把“西域”蚕豆良种带回，交由农民栽培、繁衍，结出的荚豆称为“胡豆”，后来称为蚕豆，其他还有碧珠、佛豆、寒豆、罗汉豆、马齿豆等别名。

蚕豆为一年生或两年生或越年生草本植物，所谓“越年生”，是指蚕豆通常是秋季播种，经历冬季，到翌年春夏之际结出成熟豆荚，清代叶申梦所写《醉花阳·蚕豆》就曾写道：“种向中秋、收待夏，久历三时也，花吐宛如蛾，荚宛如蚕……”

中国人民食用蚕豆，体验到它多方面特点，既可供蔬食，在荒年还可以代饭充饥，王祯《农书》写道：“蚕豆，百谷之中最为先登，蒸、煮皆可便食，是用接新，代饭充饱。”

蚕豆经加工使之发芽，称“发芽豆”或“寒豆芽”，可单独或与其他食物共烹饪成多种菜品。用蚕豆加工可制成粉皮、粉丝、豆瓣酱、酱油等。中国古人也用蚕豆制成闲食，宋代宋祁《益部方物略记》说：“佛豆（即蚕豆）豆粒甚大而坚”“以盐渍食之，小儿所嗜”。而如今，五香蚕豆、辣味蚕豆、怪味蚕豆等，已成为人们喜食之休闲食品。

根据现代科学知识，蚕豆含蛋白质、碳水化合物、脂肪、卵磷脂、胆碱、维生素、矿物质、叶酸、叶绿素、纤维素等，突出之处是富含赖氨酸、钾、镁、磷。

赖氨酸是人体必需氨基酸之一，它具有促进人体发育、提高中枢神经功能和增强免疫机能等作用。赖氨酸不能由人体自行生成，需从食物中吸取，但谷类食物中的赖氨酸含量较低，而谷类经加工后，赖氨酸有所损失以致含量更低，食蚕豆能补充人体对赖氨酸之需。

钾元素与人体内碳水化合物、蛋白质代谢作用有密切关联；钾是维持人体细胞内正常渗透压及细胞内外酸碱平衡的重要物质之一；钾参与维持神经与肌肉正常功能，关系到心肌的兴奋性、自律性和传导性；钾能拮抗高钠所致的高血压。

镁能激活人体内多种酶的活性，调节神经和肌肉活动功能，增强人体耐久力，还有助于防治冠心病、中风和糖尿病等。

磷是维护骨骼和牙齿的必需物质，也是脑、各种器官和肌肉组织构成元素之一；磷还是维持心脏有规律搏动、维持肾脏正常功能以及传送神经刺激的重要物质之一。

蚕豆含多量胡萝卜素、铁、锌、铜、硒和纤维素，能对人体产生多方面保健作用，它低脂、低钠，是良好的蔬食之一。

食蚕豆固然对人体有益，但少数人因先天性缺乏“葡萄

糖 -6- 磷酸脱氢酶”（G-6-PD），食蚕豆（尤其是新鲜的）之后，数小时至数天里发生急性溶血性黄疸，被称为“蚕豆病”或“蚕豆黄”（favism），病情轻者，数天至一周左右能逐渐痊愈；严重者有可能发生休克、昏迷、肾功能衰竭甚至危及生命，因此，食蚕豆后若发生“蚕豆病”者，应及时就诊治疗。

还须提及的是，上述先天性缺乏“葡萄糖 -6- 磷酸脱氢酶”的婴儿，若其乳母进食蚕豆，也会通过乳汁使婴儿发生“蚕豆病”，须注意避免。

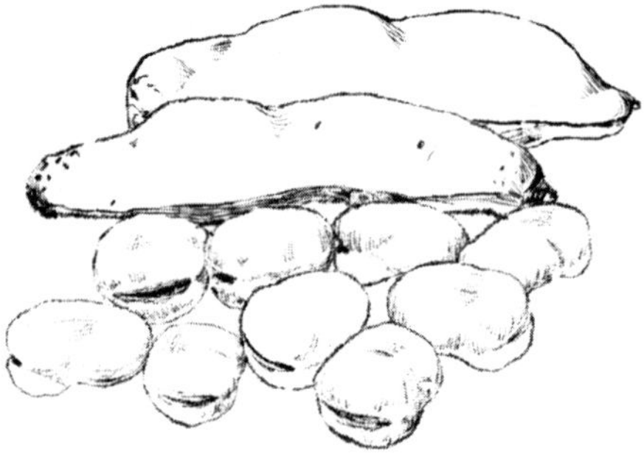

“疆御百邪” 姜

在中国，从很古老的年代起，姜就被人们用于烹调饮食了。三千年前，曾担任过商代宰相的伊尹，据说原先是商汤王的厨师，他常在烹饪食物时，加进姜、桂之类芳香植物，以增其美味。中国古代伟大的思想家、教育家孔夫子对姜有着特别的爱好，几乎每天都要吃一点姜。《论语·乡党》篇内，就有孔夫子“不撤姜食，不多食”的记载。而明清之际的思想家王夫之（1619—1692），既给自己的书室取名“姜斋”，还给自己取号“姜斋”，或许是他对姜特别爱好的缘故。

其实，姜并不仅仅是一种调味品，它还是具有多种功效的中药。姜的繁体字为“薑”，据《说文解字》的解释，姜是“御湿菜也”。王安石的《字说》认为：姜能疆御百邪，故谓之薑。“疆御百邪”的“疆”字，略去左边偏旁，顶端加上草头偏旁就成为繁体“薑”字了。从这个意义看，姜的得名，似乎主要还是根据其医疗保健功效而来。

中国人民以姜作药用，历史久远，经过长期的医疗实践，认识到姜对人体具有发表、散寒、去湿、化痰、温中的功效，是治疗风寒、感冒、呕吐、喘咳、腹胀、泄泻等病症的良药，并且还能解除半夏等药物之副作用以及不洁的鱼蟹食物之毒。

姜的临床医疗价值，历代文献均有不少记述。东汉中药名著《神农本草经》里，载明姜的“温中止血、出汗、逐风”等功用，能治疗胸闷咳逆、湿痹、受冷腹痛、腹泻等疾患，久服去臭气。晋代医学家、炼丹术家葛洪（284—364）《肘后救卒方》说，内服姜汤，可医治霍乱腹胀而欲吐却吐不出、欲泻又泻不下的患者，盛赞姜为“呕家圣药”。明代医学家李梴在《医学入门》中强调：“姜，产后必用者，以其能破血逐瘀也。”中国民间历来有采用炒姜末加红糖煮汤，让产妇饮服以调理产后身体的做法，此为其主要用意之一。

由于姜在医疗上具有多方面功效，中国人民在日常生活中用姜防治疾病的经验也极为丰富。明代大旅行家徐霞客（1587—1641）在一次旅游途中因感受风寒致病，结果自用姜汤治愈。此事曾被记于他的《游记》之中：“初四日……是晚予病寒未痊……初五日早，令顾仆炊姜汤一大碗，重被袭衣覆之，汗大注，久之乃起，觉开爽矣。”鲁迅在写作生涯中，曾多次采用姜汁医治自己的胃痛、腹痛获效，在其《日记》中可见者有：1912年11月10日，“饮姜汁以治胃痛，竟小愈”。同月23日，“下午腹痛，造姜汁服之”。

用姜治病，内服与外敷，常有殊途同归之妙。对于因饮食失调而引起的腹痛难忍者，《肘后救卒方》介绍在内服姜汤的同时，把姜捣成糊状外敷于腹部疼痛处，能提高治疗效果。该书还首载“隔姜灸”方法：施行艾灸前，在穴位上放置一分厚的生姜片，然后隔着姜片施行艾灸，将能同时获得艾疗与姜治的功效，对医治虚寒病证尤为合适。此外，用姜片外敷“太阳穴”，能缓解头痛、偏头痛；姜片敷“内关穴”，能预防晕车、晕船。

姜除了可单独作药用，还能同其他药物配伍应用，所组成的方剂，不胜枚举。被尊称为“医圣”的东汉医学家张仲景，擅用生姜同其他药物配成许多方剂，其中如著名的“当归生姜羊肉汤”，用于治疗产妇身体虚弱，腹中绵绵作痛，效果颇好。

正因姜在人类的饮食和医疗上的众多功用，明代医药学家李时珍总结说：“（姜）生用发散，熟用和中；解食野禽中毒成喉痹……”称赞它：“去邪辟恶，生啖熟食，醋、酱、糟、盐、蜜煎调和，无不宜之。可蔬可和、可果可药，其利博矣。”

据近、现代科学家实验报道，生姜富含姜辣素和挥发性姜油，还有谷氨酸、天门冬氨酸、丝氨酸、甘氨酸、淀粉、树脂状物质以及某些维生素和矿物质等，对人体有活跃血液循环、降低血小板凝聚、加速新陈代谢、促进消化排泄、延缓细胞衰老、抗菌、抗原虫、抗肿瘤、解毒以及缓解肌肉酸痛等许多方面的功用。可见，中国古人称姜能“疆御百邪”，是很有科学道理的。

“日用多助” 大　蒜

在汉代以前，中国本土所栽种的蒜品种，没有“小蒜”与“大蒜”之分，至汉代时，经西域传入了根茎较粗而瓣多的蒜品种后，始有“小蒜”“大蒜”之名。前者被称为“小蒜”，后者为“大蒜”“胡蒜”。对此，后来李时珍曾简要地记述了它们的区别：“家蒜有二种：根茎俱小而瓣少、辣甚者，蒜也，小蒜也；根茎俱大而瓣多、辛而带甘者，葫也，大蒜也……大蒜之种，自胡地移来，至汉始有。”（《本草纲目》卷二十六）

由于大蒜根茎俱大、瓣多、味辛而带甘，所以人们更常栽种，供做菜与调味用。尤其是烹调鱼、羊、牛等腥膻肉类食品，如果没有大蒜的去腥除膻，这类食物有时会令人难以下咽。而采用大蒜一道烹调，它们将成为美味可口的佳肴。所以，唐代药物学家苏敬称誉大蒜“煮羹臛为馔中之俊”。

元代农学家王桢在《农书》中，也高度赞赏大蒜：“味久不变，可以资生，可以致远，化臭腐为神奇，调鼎俎，代醯酱。携之旅途，则炎风瘴雨不能加，食餲（读 ài，指食物经久而变味）、腊毒不能害……乃食经之上品，日用之多助者也。”

大蒜不仅仅在烹调食物中发挥微妙的调味作用，而且还在诸多方面对人类保健和防治疾病产生良好功效。

中国古人采用大蒜治病，有内服、外治两大类。进食大蒜主要有温中健脾、行气消食、杀虫解毒作用，对胃部因受冷疼痛、消化不良、泄泻、痢疾等有一定疗效。苏敬说大蒜能“下气、消食、化肉”，也是指它对胃肠道消化的助益。

中医用大蒜外治，方法独特。3世纪时，《肘后救卒方》最早记载的“隔蒜灸”，就是中国古人在医学上的又一发明，主要用于治疗未溃烂的小脓肿，方法是把大蒜头切成约两分厚的薄片，铺于脓肿处，然后在蒜上施灸，使大蒜和艾灸产生协同作用，增强对致病菌的杀灭力，以加快脓肿的消散。后来，有的医家将大蒜捣成蒜泥，做成两分厚的蒜泥饼，铺于脓肿处再施灸，疗效有所提高。宋代医家苏颂记述了用大蒜外治脓肿的另一种方法：将大蒜头两三颗洗净捣成蒜泥，加麻油拌匀，外敷于脓肿局部，蒜泥干燥后予以更换。据称“屡用救人，无不神效”。

大蒜捣成蒜泥外敷，还可治疗其他的疾病。孙思邈介绍用蒜泥敷于两足底足心部位医治泄泻。宋代医家寇宗奭介绍将蒜泥敷于足心医治出鼻血。李时珍学习此经验后，获得良好疗效，特在《本草纲目》内记载了一实例："尝有一妇，衄血一昼夜不止，诸治不效。时珍令以蒜傅（敷）足心，即时血止，真奇方也。"

大蒜药性辛温，除了古人的发现与认识之外，20 世纪 50 年代以来，世界上不少学者对大蒜深入研究后，陆续获得了许多新知。

据报道，大蒜的成分有蒜氨酸、蒜酶、大蒜精油、脂肪、碳水化合物、钙、磷、硒、碘、维生素等。

蒜头被压碎后，可使其中互不相涉的蒜氨酸和蒜酶发生化学反应，产生挥发性蒜辣素，放置十分钟左右逐渐转变为大蒜素。蒜辣素和大蒜素对化脓性球菌、痢疾杆菌、阴道滴虫以及某些病毒，有不同程度杀灭作用。

研究者发现，大蒜能抗御癌肿，认为其作用：一是抑制胃肠道有害微生物合成亚硝胺，降低亚硝酸盐含量，减少了体内致癌物质的产生。二是大蒜素抑制癌细胞血管增生，促使癌细胞凋亡。有学者根据实地调查得出结论：生活中常食大蒜地区的居民，胃癌、结肠癌的发病率，明显低于少食大蒜地区的居民。这可视为大蒜抗御癌肿的一项佐证。

大蒜能降低血中总胆固醇及低密度脂蛋白胆固醇浓度，而其中硫化物能提高纤维蛋白溶解活性，减弱血小板聚集力，有助于防止血栓形成，以减少冠心病及脑血管梗塞的发生。

此外，还有报道说，每天食两瓣生大蒜头，有助于预防感冒；对于牙齿因过敏而发生的酸痛，将压碎的大蒜头涂擦牙齿酸痛处，几分钟后能缓解。

1997 年，美国一对百岁高寿姊妹德兰尼（Delany）出了一本书，书名为《我们的话》（*Having Our Say*），其中说到她俩长时期以来，坚持每天吃一片新鲜蒜头的饮食习惯。这很可能是她俩获得百岁高寿的因素之一。

正因大蒜有着诸多方面的用途与防治疾病的功效，许多国家和地区的人民也因此对大蒜各有其特殊的爱好。西班牙南部，有的地方每年 9 月举办“大蒜节”，展示并品尝含有大蒜制成的大蒜饼干、大蒜咖啡等各种食品，同时还演唱歌颂大蒜的乐曲。

虽然大蒜有多方面用途，但须恰当食用，因它有刺激性，多吃生大蒜（尤其是空腹时），可能损伤胃肠黏膜。再者，因生大蒜具有较强杀菌力，在肠道内既杀灭致病菌，同时也累及有益之细菌，结果可能导致维生素 B_2 缺乏症而发生口角炎等症状。患有其他病证者，如舌红、口干、眼疾、牙疼、慢性胃炎、胃或十二指肠溃疡、肝或肾疾病等，也须暂停进食生大蒜，以免加重病情。有青春痘、狐臭者，也不宜食大蒜。

食用大蒜，虽有可能出现一些副作用，然而同它的诸多功效相比，则微不足道，更何况在恰当的情况下使用，其副作用完全可以避免。20 世纪 90 年代以来，有些药厂研制出品了剂量准确的大蒜丸，服用方便，安全可靠。

七百年前，元代农学家王桢赞赏大蒜对人类“日用多助”的贡献。如今，这个评价依然十分恰当，不过，其内涵和意义，显然是更广泛和深刻得多了。

和事草　香　葱

香葱，又名青葱，简称葱，是一种很古老的草本植物，中华大地是葱的发源地之一，中国西部帕米尔高原有“葱岭”，据说是因生长着很多野葱而得名。

中国人民日常生活中，葱是被采用概率很高的一种植物，在烹调食物过程中，香葱所发挥的美味清香妙用，很多人都有真切体味。宋代陶穀在《清异录》中就曾写道：“葱和美众味，若药剂必用甘草也，所以文言曰‘和事草’。”

葱的异体字为“蔥”，李时珍说：“蔥从囱，外直中空，有囱通之象也。”他还列出葱的别名“芤”（读音kōu）、“菜伯”“和事草”等，并且对葱的各部分及其别名作了解释，说“葱初生曰葱针，叶曰葱青，衣曰葱袍，茎曰葱白，叶中涕曰葱苒。诸物皆宜，故云菜伯、和事”。至于“芤”，是指草中有孔，因葱叶中间有孔道，所以称为芤。晋代，王叔和在《脉经》中，把脉象归纳为二十四种，其中一种名为“芤脉”，是说手指按测患者的脉搏，指下感觉似乎按在葱管上一样，此种脉象多因失血过多而出现。

虽然，葱通常是供烹饪菜肴之调味用，然而，葱却又是大有作为的中药，诸如：感冒风寒初起，用葱白一握，淡豆豉半合，泡汤服之，汗出后即愈；时疾头痛发热，以连根葱白二十根，和米煮粥，入醋少许，热食，使出汗即解。对于大小便闭者，《外台秘要》记载其治法为，将葱白捣成泥状，与酒调和，敷于小腹，同时在其上灸七壮。此外，痔疮出血者可用葱白三斤煮汤熏洗患部。

对人体局部外伤，葱是一种良好的清洁、消毒、止血、止痛药。8 世纪时，唐代骨伤科名医蔺道人在《理伤续断秘方》中，记述了治疗骨折患者的基本步骤，对于开放性骨折患者，在施行手法复位及敷药包扎之前，须用葱汤冲洗破损处，对伤口清洁消毒，很有裨益。雕刻于6世纪的《龙门药方》记有疗金疮血出不止方：“取大葱炙热挪汁涂，血即断。”11 世纪末，唐慎微《证类本草》引《梅师方》：“金疮出血不止，取葱炙令热，抑取汁，傅疮上，即血止。”1196 年，王璆《是斋百一选方》说，金疮磕损，折伤出血疼痛不止者，将葱白、砂糖等分，共研成糊状，涂敷于损伤处，能迅速止痛。

7世纪时，唐代医学家孙思邈（581—682）《备急千金要方》介绍，对排尿不畅者，取已剪去尖头之葱管，从尿道口插入三寸，然后“微用口吹之，胞（膀胱）胀、津液（尿液）大通”。然而，就实际情况而言，此法似难施行。《是斋百一选方》也述及用葱管治疗小便不通及膀胱胀满危急者，不过，他是利用葱管把盐吹入尿道内，据云“极有捷效”。李时珍说仿效此法“用治数人，得验”。将葱用于医疗保健，历代民间经验及文献记载繁多，本文所述仅几个例子。

根据现代科学知识，葱的成分主要有挥发油中的蒜辣素，它是产生芳香的物质。葱还含有蛋白质、碳水化合物、胡萝卜素、叶绿素、维生素（B_1、B_2、B_6、C、E、K）、矿物质（钙、磷、铁、镁、锌、硒）、果胶、纤维素等。现代科研证实，葱具有多方面作用，包括：降血脂、降胆固醇、减弱血小板凝聚、调节血糖、增加淋巴细胞与巨噬细胞活性、提高免疫力和抗癌性等，可见，香葱的确是大有益于人类健康的膳食和医疗佳品。

蔬菜皇后 洋　葱

洋葱是一种很古老的百合科植物，二年生或多年生草本，其起源地多认为是西南亚，主要在古波斯（今伊朗）和阿富汗等地区。洋葱耐干旱，其鳞茎（葱头）能久贮，易运输，早已被引种到亚、非、欧、美洲广大地区，被人们作蔬菜食用，并且曾被称为“蔬菜皇后”。在古代，有些地方的人民还把洋葱视为神圣之物。据说在五千年前埃及古墓中，洋葱被用作陪葬品；有的建筑物墙壁上，画有洋葱图案。欧洲中世纪时，有的国家、地区发生战争，有战士把洋葱头作为饰物挂在胸前，冀望能得到保佑，并增添勇气和力量。中国人民和波斯人民交往之历史有一千多年，但洋葱传入中国的时间却相当迟，清代以前的文献，尚未见载中国人民栽种和食用洋葱的情况，这的确有些令人费解。

洋葱又名胡葱、圆葱、球葱、玉葱，20世纪以来，其成分和对人体的医疗保健作用，陆续被学者们研究查知与验证。洋葱的突出特点为低脂、低钠、富含挥发性成分。其所含硫氨基酸、二烯丙基二硫化物等，有降低人体血脂、防治血管硬化功用。上述硫化物、洋葱中的大蒜素，在较短时间里，对金黄色葡萄球菌、白喉杆菌、大肠杆菌等以及数种真菌有杀菌作用，并可保护牙齿，减少蛀牙。其所含前列腺素 A，能扩张血管、增加冠状动脉血流量、降血压、降低血粘度及预防血栓形成，有益于防治高血压、高血脂和心血管疾病。

洋葱含有一些降血糖之物质，对糖尿病患者有辅助治疗效用；其挥发性芳香成分，能减除食物腥膻，提高人的食欲，

促进胃肠道对食物的消化与吸收。洋葱的某些成分在人体内转化成的槲黄素，能提升对致癌物的防御力。有报道说，洋葱有抑制组胺作用，对缓解支气管哮喘有一定助益；而它的利尿作用，是肾性水肿患者的合适食物。

此外，洋葱所含蛋白质、多糖、芥子酸、桂皮酸、维生素C、钾、磷、钙、镁、碘等，对人体增加骨质密度、活跃新陈代谢、减肥以及其他方面，能产生相应效用。

洋葱的保健作用，相当多部分是其挥发性物质所产生，这些物质在空气中和烹调过程中，很容易遭到不同程度破坏，因此，加热烹调洋葱时间不可过长。

刚切开的洋葱，有强烈的刺激性，往往会使人眼睛流泪，为减轻其刺激性，洋葱在被切细之前，先浸于净水中片刻之后，将改善此种情况。

正因洋葱的某些刺激性，狐臭者勿食洋葱，眼疾患者暂时不宜食洋葱，孕妇也不宜多食洋葱。

济济而生　荠　菜

当今，人们的蔬菜品种中，荠菜称得上是佼佼者，然而，早先自然界天然生长的荠菜，只是很普通的一年生或二年生之野草，很容易生长，世界上许多地方有它的踪迹。它常出现在旷野、田埂、路边、庭园、屋旁，唐代诗家白居易《早春》诗句："满庭田地湿，荠叶生墙根"，正是对它生长环境的一种写照。

荠菜植株伏地而生，叶密成丛，明代《本草纲目》载述："荠生济济，故谓之荠。"济济，即是众多之意。"济"字的三点水偏旁被草头偏旁（艹）取代，就成为"荠"字了。对荠菜别名"护生草"，该书还援引佛家的解释：夜晚点油灯时，用荠茎作"挑灯杖"，能避免蚊虫和飞蛾骚扰而具"护众生"作用。荠菜其他别名：地米菜、鸡脚菜、菱角菜、清肠草等，其得名大概各有其缘由。荠菜的英文名称"Shepherd's

Purse”，说来也很有趣，Shepherd 含义之一是“牧羊人”，Purse 的含义之一是“钱包”。荠菜和牧羊人的钱包，原本风马牛不相及，这两者，何以会是同一个英文词汇？这是因为有一类荠菜的果荚略呈三角形，体积虽很小，但形状据说有些类似古代小亚细亚、欧洲某些地区牧羊人的钱包，故借用其名。

中国先民，在很古老年代已采食荠菜，并且体验到其味甘美，两千多年前的春秋时代，中国人民最早诗歌总集《诗经》，已把荠菜甘美之味作为其他食物滋味的对照："谁谓荼苦，其甘如荠。"（《诗·邶风·谷风》）食过荠菜的人，对其真切滋味，自会有一种亲身体验，宋代诗家陆游就曾赋诗，抒发他在异乡品尝到当地美味荠菜而“忘归”家乡的高兴心境："日日思归饱蕨薇，春来荠美忽忘归。"（《食荠》）而早在西晋时，文学家夏侯湛因赞赏荠菜生长特点——越冬耐寒沉潜，入春繁茂成长，兴致盎然地为之作《荠赋》，留下了“见芳荠之时生，被畦畴而独繁；钻重冰而挺茂，蒙严霜以发鲜”之名句。

中国古人采集荠菜，既可单独炒食，还可将其剁碎做馅或煮羹，两千年前《尔雅》最早载说："荠味甘，人取其叶作菹（剁碎）及羹亦佳。"可见，现今大众喜爱的荠菜羹、荠菜馄饨、荠菜饺、荠菜炒年糕等美食，其来有自。

中国历代人民取荠菜作蔬食过程中，发现它对人体有益胃、清热、明目、利水、止血等作用，可作为吐血、咯血、便血、月经过多、麻疹患者等的辅助食疗。取洗净鲜荠菜六十到一百二十克，加水煎汤，可用于鼻出血、牙龈出血者内服治疗。洗净鲜荠菜三十到六十克、红糖三十到六十克，置于锅内微炒后，加水煎服，可治疗产妇腹痛。取洗净荠菜根与车前草各五十克煎汤内服，可供肾炎水肿患者的辅助治疗。

根据现代科学知识，荠菜所含成分繁多，主要有荠菜酸、乙酰胆碱、季铵化合物、橙皮苷、类黄酮物质、二硫酚硫酮、蛋白质、脂肪、碳水化合物、维生素（B_1、B_2、C、E、K、胡萝卜素、尼克酸）、矿物质（钾、钙、铁、钠、锌、硒等）、叶绿素、山梨醇、纤维素等。

实验证明：荠菜酸能缩短凝血和出血时间，故有止血作用；乙酰胆碱和季铵化合物能降低胆固醇；橙皮苷能提升维生素C含量，并有助抗菌消炎，防御冻伤、糖尿病和白内障；类黄酮物质有助抗氧化，延缓细胞和机体衰老；荠菜纤维能促进肠蠕动，有助防便秘。荠菜属于有良好抗癌作用的十字花科植物，它所含二硫酚硫酮和硒，有抑制癌肿效用。

需要提及者，有学者从动物实验发现，荠菜具有促使子宫收缩的作用，因此孕妇不宜多食荠菜，以避免引起流产或早产。但从总体而言，食用荠菜对人体的多方面保健作用还是主要的。自然界野生荠菜的茂盛期，主要在农历三月份，中国古代民间谚语："阳春三月三，荠菜当灵丹"，是有它一定道理。根据现代科学所获知，荠菜对人体有着诸多保健作用，它往昔的"护生草"别名，如今显然具有更深广的内涵了。

杂处漫生 马　兰

在中国人民的诸多蔬菜里，有的本属于很平凡的野菜，其中，马兰是人们颇为喜爱的一种，宋代诗人陆游（1125—1210）曾兴致勃勃地把它写入诗句中："不知马兰入晨俎，何似燕麦摇春风？"（《戏吟园中百草》）

马兰为多年生菊科植物，对生长环境的条件要求不高，中国中部和南方广大地区的山坡、旷野、湖边、路旁等处都能生长，因此在许多地方常有它们的踪迹，它在各地也就有着不同的名称。而常用的"马兰"之名，其实与畜类的"马"并无关联。在古代，"马"字的涵义之一是"大"，明代医药学家李时珍在《本草纲目》中写道："俗称物之大者为马也"，而马兰"叶子似兰而大"，故有此名称；又因马兰"其花似菊而紫"，所以又名紫菊。此外，它还有马兰头、马栏头、马兰菊、田边菊、路边菊、十家香、鸡儿肠等多种名称。

中国人采食马兰的历史相当久远，可能远古“神农尝百草”年代的先民就已食用了。在现存中国古代文献里，秦代的《田律》简略提及马兰，似乎是最早见载者。在中国人民生活史上，马兰是一种兼可作蔬菜、救饥和药用的野菜。

明太祖朱元璋第五个儿子朱棣在主编的《救荒本草》中，收载了马兰作为救荒食物之一，简要介绍了如何消除其辛味及烹调法。清代王世雄《随息居饮食谱》，赞赏马兰“嫩者可茹、可菹、可馅，蔬中佳品，诸病可餐”。清代顾景星《野菜赞》也有介绍：将马兰“（用）盐汤汋过，干藏、蒸食，又可以作馒馅”。

关于马兰的药用价值，唐代陈藏器较早记述了马兰治瘀血之功。其后，中医文献记载了食用马兰有清热、利湿、消肿、解毒、治呕血及咽喉肿痛等作用。马兰还被民间用于某些病症外治的对症治疗：鼻出血者，将洗净的鲜马兰榨汁滴鼻止血；缠腰火丹（腰肋间疱疹性皮肤病），将洗净的鲜马兰捣成泥状外敷局部治疗；乳腺炎者，用洗净马兰捣烂后，外敷局部有消炎效用。

马兰品种颇多，主要分为红梗和白梗两大类，两者均可熟食或生吃。马兰的草酸含量虽低于菠菜，但生吃之马兰，最好先用开水焯两到三分钟，再用冷开水冲洗以消除其辛涩味，然后加佐料、配料拌匀作凉菜。

根据现代科学知识，马兰所含成分因品种不同而不尽一致，但总体而言，都含有蛋白质、脂肪、碳水化合物、纤维素、叶绿素、维生素（胡萝卜素、B_1、B_2、C、E）、矿物质（钙、磷、钾、钠、镁、铁、锌、硒等）、挥发油（主要为乙酸龙脑酯、甲酸龙脑酯、酚类、萜烯等）。据报道，马兰含有十七种氨基酸，其中七种是人体必需氨基酸。马兰含有较多胡萝卜素、维生素 C 和 E 以及硒，有助于延缓人体衰老，并提高免疫力，有防癌作用。马兰的钙、磷、钾、镁、铁、锌、硒含量，均高于菠菜的含量，并且其钙、磷、铁均较易被人体吸收，因而对人体的骨骼、血液等，有较好的补益作用。马兰的龙脑酯和萜烯能消炎，前者还能镇痛。其酚类物质有助于消除人体自由基、延缓衰老、美容、抑制动脉粥样硬化、抑制病毒和防癌等。

马兰含大量钾元素，固然能补充人体对钾的需要，但若进食大量马兰，将可能增高血中钾浓度，超过肾脏排泄钾的最大量，反而对人体造成危害，因此，在短时间内，不可进食过多马兰，肾功能减退者更应慎食或暂不吃马兰。孕妇也应慎食马兰。

蔬菜元老　白　菜

起源于中华大地的白菜，是中华民族食物中的“元老级”蔬菜。1954年，中国考古工作者在西安市附近“半坡村”新石器时代一处住房遗址，发现一个陶罐内盛放了已经炭化的植物种子，据研究其中有白菜籽，经测定距今约六千年了，表明中华民族的先民食用白菜历史之久远。

文献记载，白菜最初称为“菘”，这是因为即使是在寒冬，白菜具有如同松树般的耐寒特性，“松”字加草头（艹）就成为“菘”字了。对此，宋代陆佃《埤雅》简明扼要地解释说：菘性隆冬不凋，四时长见，有松之操，故其字会意。后来，明代李时珍在《本草纲目》进一步说明：“菘，即今人呼为白菜者。”

有趣的是，白菜不仅隆冬不凋，而且经历霜“打”之后，反而更增添了它的甘甜之味，“浓霜打白菜，霜威空自严，不见菜心死，翻教菜心甜。”据说这是后来的诗人对白菜耐寒特性的赞咏诗句。

公元5至6世纪的中国南北朝时代，菘已成为人们喜食蔬菜之一。齐、梁时期医家陶弘景说，菘是菜中最为常食者。

南北朝的宋、齐时期著名学者周颙，则是现存古代文献记载最早高度赞誉菘的美味者。他是在回答齐武帝萧赜的长子萧长懋提问时作出明确评价的，见载于《南史・周颙传》：“文惠太子问（周）颙：‘菜食何味最胜？’颙曰：‘春初早韭，秋末晚菘。’”

之后，南宋文学家刘子翚（读音 huī）因有感于周颙对晚菘（白菜）的高度赞赏，特写了《园蔬十咏・菘》：“周郎爱晚菘，对客蒙称赏。今晨喜荐新，小嚼冰霜响。”诗中所说的“周郎”即是指周颙。

后来，据说清朝皇帝乾隆（一说道光）也曾对白菜赋诗赞咏：“采摘逢秋末，充盘本窖藏。根曾滋雨露，叶久任冰霜。举筋甘盈齿，加餐液润肠。谁与知此味，清趣惬周郎。”诗中对白菜的采收季节、丰收后的窖藏贮存、白菜的耐寒持久、进食白菜的滋味感受，以及白菜对人体润肠功效等的描述，真切有趣。

白菜的品种繁多，中国古人曾以他们当时所栽种的作了一些简单的分类，李时珍《本草纲目》中记述:“一种茎圆厚微青，一种茎扁薄而白，其叶皆淡青白色……燕京圃人又以马粪入窖壅培，不见风日，长出苗叶皆嫩黄色，脆美无滓，谓之黄芽菜，豪贵以为嘉品。”其实，青菜和白菜之名，通常互用，黄芽菜则又名“大白菜”，另有胶菜、绍菜之称，前者是因山东胶州三里河、丁家庄一带出产的质优而得名。

中国古人视为“豪贵嘉品”的黄芽菜，历来是人们喜爱的蔬菜，而在棚栽蔬菜尚未出现或还不普遍的年代，中国北方地区冬季新鲜蔬菜品种少，耐寒且可窖藏的大白菜，成了该地区居民在冬、春季节一段时间里的“当家菜”。并且，大白菜还可加工成泡菜、咸菜等，从而解决对蔬菜的不时之需。在明代，中国出产的良种大白菜，被引种到朝鲜后，不仅成为当地人民喜爱的蔬菜，还成为他们加工为泡菜的主要原料。

中国地域辽阔，许多地方都能栽种白菜、大白菜等，各有不同优良品种，天津、沧州地区也有其良种大白菜。19世纪末，一位天津人士曾到广州居住过，他以“羊城旧客”笔名，于1898年出版所撰《津门纪略》，书中说天津“黄芽白菜胜于江南冬笋者，以其百吃不厌也”。再者，天津、沧州地区有些民众，在冬季把大白菜与粗盐、大蒜等加工腌制成“天津冬菜”，其色淡黄、气清香、味鲜美，是做菜、熬汤的佳品。

白菜及其同类的青菜（青梗白菜），因在许多地方一年四季都能栽种，生长期短，产量高而价廉，无论是新鲜的或腌制成咸菜，都是平民百姓的家常菜，也是清贫知识分子下饭之菜。也正因此种情况，早先被称赞为“菜食中最胜”的白菜，逐渐受到达官、贵人及富裕者的贱视，但可贵的是中国古代有些清廉官员与平民百姓同甘苦，生活俭朴，平时也多以青菜、萝卜和粗饭果腹。

明代嘉靖年间，一位承袭世职的刘玺，被委任总管水道运粮的“督漕总兵”，此不小之官职，本来是常有机会使自己获取丰厚金钱珠宝的“肥职”，但刘玺担任此官职五年，卸任回家时，两袖清风，行李空虚。据载，他担任督漕总兵期间，“居官清慎自持，莅事五年，罢归，行李萧然”。人们称他“青菜刘”。

对明代清官刘玺，清人张岱《夜航船·清廉》也写道：“刘玺，龙骧卫人，少业儒，长袭世职，居官廉洁，人呼‘青菜刘’，或呼为‘刘穷’。”

提到清官与白菜，明代两位清官徐九思和笪（读音dá）继良，先后以白菜作画及雕刻白菜于石碑，借以警省自己、告戒当官者必须廉政爱民。徐九思在担任江苏句容县令期间，请画家在县衙门内的醒目墙壁上画了一大颗白菜，他自己则在白菜的画里题了："为民父母，不可不知此味；为吾赤子，不可令有此色。"出生于句容县并在句容长大的笪继良，可能对句容县衙门内墙壁上的白菜画印象深刻，后来他担任江西铅山县令时，于明万历四十七年（1619）仿效徐九思的做法，请石匠在一块高四尺五寸、宽两尺的石碑上，雕刻了一大颗白菜，并刻了："为民父母，不可不知此味；为吾赤子，不可令有此色。"然后将它竖立于县衙门内显要位置。这块极具历史意义和现实意义的白菜碑，经历了将近四百年，如今还留存在江西铅山县（见附图），是一件极有价值的历史文物。

此外，清代一位受朝廷之命担任过多种官职的于成龙（字北溟），先后做过知县、知府、按察使、直隶巡抚、两江总督等，廉政爱民，长期与平民百姓共甘苦，以青菜等粗菜淡饭为常食，百姓由衷感戴地称他"于青菜"，康熙皇帝也赞誉他为"清官第一"。

虽然，白菜因价廉而被某些达官、富豪及无知者所贱视，但不少有识、高雅之士依然尊白菜为大有益之良蔬。

清代"扬州八怪"之一的画家李复堂，特以稻穗和白菜为主题画了一幅《秋稼晚菘图》；而"扬州八怪"的另一位书画家郑板桥，特为之赋诗《题李复堂〈秋稼晚菘图〉》："稻穗黄，充饥肠。菜叶绿，作羹汤。味平淡，趣悠长。万人性命，二物担当。几点濡濡墨水，一幅大大文章。”

两位大家对极其普通的稻谷和白菜，用画和诗精炼生动而又意趣盎然地表达赞颂，为丰富多彩的中华文化宝库，增添了一份可贵的财富。

诚然，白菜对人们的生活和保健确实有所“担当”。中医学认为，进食白菜能养胃、生津、清热、排毒、化痰、止热咳、润肤、养颜、解酒、利尿、通便。鲜白菜叶经捣烂成泥状，可用于涂治漆疮，将白菜煮汁可用于洗治冻疮，等等。

据现代科研报道，白菜所含成分因品种不同而不尽一致，主要特点是富含胡萝卜素、维生素C、叶绿素、叶酸、膳食纤维、钙、磷、果胶、硒和钼等。

白菜和肉类同烹饪，既增添肉味鲜美，又能减少肉中产生致癌的亚硝酸胺。中国人民历来的烹调法中，有将猪肉和白菜剁碎，加佐料拌匀为菜肉馅，用于做饺子、包子或馄饨等。这些食品兼有改善口感、提升美味和增益人体保健之效果。

生活经验和科学研究证明，猪肉和白菜混和调配烹饪，确为一种良好的“荤素搭配”。此种“荤素搭配”做馅的办法，流传到日本等国后，之所以受到人们欢迎，是其来有自。

不过，烹饪后的白菜最好在当餐吃完，不宜放置到隔天吃，也不要吃未腌透的白菜。

明代白菜碑

清肠草　韭　菜

土生土长于中华大地的韭菜，生活于古老年代的中国先民很早就食用了，因此，它也称得上是“元老”级蔬菜。两千多年前，韭菜不仅被古人食用，并且还被作为一种供品用于祭祀，《诗经·七月》里的“献羔祭韭”即是佐证。另一点能说明韭菜是元老级蔬菜的是，它很早就同白菜被相提并论地认为是蔬食中最味美者。南北朝时期，齐武帝萧赜的长子萧长懋（文惠太子），向当时著名学者周颙请教：“菜食何味最胜？”周颙回答说：“春初早韭，秋末晚菘。”

韭菜的得名，主要是缘于它的生长特点。新栽种的韭菜，生长出的长叶经剪割之后，逐渐地又生长出新叶，一年之中可供剪割三四次。两千年前，《礼记》所载“韭曰奉本”及“韭音久”，即含有此意。东汉许慎《说文解字》解释“韭”字，认为其字形是表示它从地面生长出的叶子，其字义是“一种（此处读音 zhòng，栽种）而久生者，故谓之韭”。明代《本草纲目》也说：“韭，丛生丰本，长叶青翠……剪而复生，久而不乏也。”正因韭菜有多年生宿根，数年之中可供人们多次剪割做蔬食，故又名“长生韭”，并被趣称为“懒人菜”，此外，还有草钟乳、起阳草、一束金等别名。

虽然，韭叶被剪割后能旺盛再生，但并非任何时候都可剪割，古人总结指出：“剪（韭叶）忌日中”，所以，唐代诗人杜甫写有诗句“夜雨剪春韭”（《赠卫八处士》）。

用韭叶、韭花、韭黄做主料或配料，无论是炒、煮或做馅，都能烹调出名目繁多的美食，南宋诗人陆游就有“青菘绿韭古嘉蔬”的赞赏诗句（《菜羹》）。中国古人在食用韭菜过程中，还体验到它的疗病功效，主要者：韭菜叶、花和根，有温中、行气、活血、化瘀、解毒作用；韭菜子有补肝肾、补阳作用，其“起阳草”之别名即缘于此。

历代中医文献记载用韭治疗的疾病颇多，具体如韭叶和鲫鱼煮汤内服治疗下痢；煮食韭叶、韭根补体虚、开胃、益阳、止尿血；煮韭汁外洗痔疮、脱肛；韭菜子（一至三钱）煮食治疗尿频、遗尿、遗精、腰酸膝冷等。

据实验报道，韭菜含蛋白质、脂肪、碳水化合物、胡萝卜素、硫胺素、核黄素、维生素 E 和 K、挥发性芳香成分、含硫化合物、粗纤维、草酸等。矿物质钾含量相对较高，钠含量低，硒含量高于黄芽菜、花椰菜、芥菜的硒含量。韭菜的挥发性成分和含硫化合物，是产生韭菜特有辛辣气味的物质，上述成分和化合物具有促进食欲、扩张血管与发汗等作用，对食欲不佳、高血压、冠心病等，有一定辅助食疗效果。含硫化合物对绿脓杆菌、痢疾杆菌、大肠杆菌、金黄色葡萄球菌等，有抑制作用。韭菜富含粗纤维，能促进肠蠕动，防治便秘。韭菜粗纤维还能把人们有时误吃进消化道里的头发、金属碎屑等包裹，并排出体外，因此，韭菜在肠道内起到了“清道夫”的清肠妙用。

韭菜含蒜氨酸和蒜酶，两者平时“互不相涉”，但切碎的韭菜，其切口与空气接触，蒜氨酸在蒜酶“催化”下，产生浓烈挥发性辛辣气味的蒜辣素。为减少此种具有保健功效物质的损失，切碎的韭菜应及时进行烹调食用。

韭菜含草酸，服食牛奶粉、牛乳等富含钙的食品，不要同时吃韭菜，避免草酸和钙结合成草酸钙而妨碍人体对钙的吸收，也减少体内形成结石的可能性。

由于韭菜根部易发生虫害，据说有的菜农在韭菜根部施以大量强烈杀虫剂，因而其上市的韭菜可能残留多量农药，为避免农药中毒，对韭菜须充分洗净，并把它浸于清水里一刻钟，取出予以多次冲洗，然后切断烹调食用，以保安全和健康。

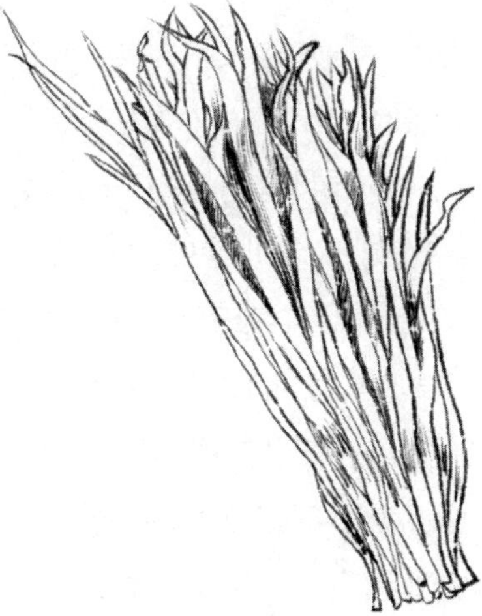

菜之美者　芹　菜

对具有特殊芳香气息和滋味的芹菜，两千年前的战国时代,《吕氏春秋》“本味”篇称赞说：“菜之美者……云梦之芹”。当时的“云梦”，其位置大部分相当于现今湖北省中南部江汉平原。表明在战国时代，该地区生长的芹菜享有美菜之称。

而在战国时代之前，芹菜已受到中国古人的重视，并赋予文化内涵，《诗经》的《鲁颂·泮水》诗句“思乐泮水，薄采其芹”就是佐证。关于“泮水”，古人有一种意见认为，是指学宫前面形状类似半月形的水池。后来，“泮水”衍生了“泮池”“泮宫”等词汇，都是表示学宫之意；而“泮芹”，则是指生长于泮水之中的芹菜；继而，它被引申为古人在学宫中考取秀才者。清代蘧园《负曝闲谈》第十三回写到的“(陈铁血)十三岁上撷了泮芹，一时有神童之目”，文内“泮芹”一词，即是指秀才。

中国历代人民食用芹菜的历史中，还有过不少故事轶闻，唐太宗李世民赐宴魏徵以验明其嗜食醋芹，是有趣轶闻之一。唐太宗执政期间，魏徵先后被委任为谏议大夫、秘书监、侍中等要职，他向唐太宗提出的“兼听则明，偏听则暗”的谏议，成为后世屡被引用的名言。他和唐太宗很接近，据说闲谈中曾向唐太宗表示自己在饮食上无特殊嗜好，但是唐太宗持疑，特向一些与魏徵交往密切者探询魏徵的饮食嗜好，回答为：嗜食醋芹。为证实此说，唐太宗召魏徵某日到宫中饮宴，事前唐太宗关照御厨须备办多量醋芹。魏徵遵旨赴宴，入座时目睹冷菜中有三杯醋芹，饮宴中他猛食醋芹，宴饮还未完毕，醋芹即全被吃光了。此轶闻见载于唐代文学家、哲学家柳宗元（773—819）的《龙成录》：“魏徵好嗜醋芹，每食之，欣然称快。”唐太宗“召赐宴，有醋芹三杯，公（魏徵）见之，欣喜翼然，食未竟而芹已尽”。唐太宗对此也一目了然矣。

芹菜芳香，嗜食者虽甚众，但也有对之嫌弃者，这可能因芹菜之品种不同以致其滋味有差异，或因烹调不得法，或因食者之禀性不喜芹菜之气味者。两千年前有一则故事：有人向家乡富豪们称许推荐芹菜等数种蔬菜之味甘美，富豪们于是撷取了芹菜品尝，未料到却引起口舌刺灼不适和腹泻，富豪们无不对推荐者讥笑和埋怨不已，而那个称许推荐芹菜者也因之而大为惭愧，这则故事见载于《列子·杨朱》。

后来，这则故事衍生了有“芹”字参与组成的若干词汇，诸如：“芹曝”，谦称自己的贡献微少或自己的建言肤浅，宋代刘克庄诗句“批涂曾举词臣职，芹曝终怀野老心”（《居厚弟和七十四吟再赋》）；“芹意”，谦称自己微薄的心意，元代秦简夫“蔬食薄味，箪食壶浆，不堪管待，聊表芹意，望学士休笑咱”（《剪发待宾》）；“芹诚”，谦称自己微薄的诚意，明代邵璨“紫火金丹何处有，仙方米授神楼，且尽芹诚……”（《香囊记·问卜》）；“芹敬”和“芹献”，都是谦称自己赠礼菲薄或见解肤浅，如清代黄遵宪“愿以区区当芹献，藉充岁币少补偿”（《度辽将军歌》）；还有“献芹”一词，是和“芹献”同样的含意。

此外，中国春节，据说有的人家备办年夜饭之菜肴，喜采用芹菜烹调菜品，因为“芹”和“勤”读音相同，寓意为新的一年里“诸事勤快”“勤俭富裕”；又因芹菜茎中空、通透，寓意为“路路畅通”“路路通达”。如此看来，芹菜似可说为人们又增添了趣事一桩。

中国古代，芹菜有水芹和旱芹两大类，近代，外国传入中国的芹菜品种则称为西芹。中国人民自古以来，除了以水芹和旱芹供蔬食，还把它们作药用，所以也称“药芹”。旱在东汉时，《神农本草经》记述水芹有保血脉、益气、令人嗜食的作用。隋代崔禹锡《食经》记载，水芹有“利小便，除水胀”之效。唐代陈藏器《本草拾遗》载述：“（水芹）茎叶捣绞取汁，去小儿暴热、大人酒后热毒、鼻塞、身热、利在小肠。”清代王士雄《随息居饮食谱》说水芹“清胃涤热、祛风、利口齿咽喉头目”等。

现代科研得知，上述三大类芹菜所含成分基本相近，主要含多量芳香性挥发油，还有黄酮类物质、维生素、纤维素以及某些矿物质等，具有降血压、降血脂、降胆固醇、缓解头痛、健胃等功效，并可能还有减少胃肠道癌肿的作用。芹菜的“药芹”别名，由此更获得了丰富的实据。

无尽菜　茼　蒿

茼蒿是一种具有特殊气味的植物，原产地主要在地中海沿岸南欧地区，中国也是它的发源地之一。茼蒿为一年或二年生菊科草本，其花有些像野菊花，并能散发近似菊花的芳香，所以，生长在地中海沿岸和欧洲地区的茼蒿，主要被人们作为一种观赏植物。

生长在中国的茼蒿，在很古老的年代起便被人们作蔬菜食用，古人根据它有类同于“蒿”之清气，颇长一段时期里称它为“同蒿”或“同蒿菜”。因它是草类植物，后来，“同”字加上草头偏旁“艹”而成为“茼蒿”或“茼蒿菜”。此外，古人还根据茼蒿有些类似菊花的芳香，所以它又有菊花菜、菊花蒿等名称。此外，它还有蓬蒿之别名。茼蒿易于生长繁茂，其嫩叶被剪、被摘之后，剩下的后部叶腋处又会萌发新芽，并继续生长出叶子，人们又可再次剪、摘茼蒿叶烹食，在其生长期里，能重复剪、摘数次，所以它又有“无尽菜”之美名。

茼蒿的特殊气味，有人喜欢，有人则否，不过，前者似乎居多，一些古诗可以佐证，例如：北宋苏东坡的“渐觉东风料峭寒，青蒿黄韭试春盘”（《送范德孺》），诗句中的青蒿，实际上是指茼蒿；南宋陆游的“小园五亩剪蓬蒿，便觉人间迹可逃”（《初归杂咏》）。两首诗，反映了两位诗人彼时彼地取食茼蒿相异其趣的意境。

古人食茼蒿，逐渐发现它有通血脉、利肠胃、除口中臭气等食疗功用，但认为体质虚寒而腹泻者，应慎食或暂不食茼蒿。

据现代科研报道，茼蒿含有多种对人体有益成分，诸如：胡萝卜素（多量）、叶绿素、叶红素、叶酸；维生素（B_2、C、K 等）；矿物质（多量钾和钠、钙、磷、铁、锌、硒等）；氨基酸（丝氨酸、苏氨酸、脯氨酸等十数种氨基酸）；以及特殊香味的挥发油、胆碱、纤维素等。茼蒿属低脂肪、低热量食物，用它作食疗，能辅助缓解头胀、促进消化、减除口臭、排出浓痰、改善贫血、疏通便秘、减少尿频等。

烹饪茼蒿，熟得快，而它所含挥发性物质遇热却很易挥发掉。所以对茼蒿不可长时间加热。为避免茼蒿的挥发性成分损失太多，最好是把它放沸水里焯两至三分钟捞出，然后拌佐料和食油进食，此种食法将使茼蒿更卫生和营养。

把茼蒿作为火锅中的一种蔬菜食料，能促进鱼类、肉类蛋白质的消化，使之更易被人体吸收和利用。但是，如前所述，茼蒿中的挥发性有益物质，遇热很容易受损失，所以把茼蒿放入火锅汤里后，煮两至三分钟即宜取出拌佐料食之，故它有火锅的“速配蔬菜”之称。

茼蒿所含茼蒿素，具有抗拒虫食的活性成分，虽然它有此特性，但有的菜农为使茼蒿有好的“卖相”和增加产量，在栽种、出售过程中给它施用违规农药，据食品安全检查者发现，茼蒿的叶基部位是最易残留农药之处，所以在烹饪茼蒿之前，须把其叶基摘除，并且要仔细冲洗干净。

烹饪蔬菜，其中不少成分被溶解在汤里，从营养学角度，通常是主张蔬菜汤不可弃而不食，但也不尽然，有的蔬菜汤里，因有过多草酸或其他某些不利人体的成分，所以不宜食用。茼蒿的钠含量相当高，其菜汤也不宜食。患肾炎者更应忌食茼蒿。

补血益眼　苋菜

苋菜是中国古人在很早年代就开始食用的植物，两千年前的汉代初期，中国最早解释词义的专书《尔雅》载有“蕢”（读音 kuài），注释为“赤苋”，后来的学者进一步解释说：“赤苋，一名蕢，今苋菜之赤茎者也。”

苋菜也称为米苋，为苋科一年生草本植物，有绿苋、赤（红）苋、彩苋等品种，生长特点与形态特征为：梗直立，分枝少，任其生长，则茎高叶茂，易被看见，所以宋代学者陆佃在《埤雅》中谈到，“苋”字的由来是因为：苋之茎叶，皆高大而易见，故其字从见，指事也。

中国古人以苋作蔬食之后，逐渐体验到它对人体的某些保健作用，尤其重视“苋实”（苋菜子）的功用，所以在现存古代最早的中药学专书《神农本草经》里，没有写到苋菜叶和茎，只记载了“苋实”，说它“味甘寒，主（治）青盲，明目除邪，利大小便”。中医学所说的“青盲”，是指眼球外观无异常而视力逐渐减退乃至失明之症。正因苋菜子的明目功效，所以清代医学家王士雄在《随息居饮食谱》中谈到，古人所造“苋”字，是因为人食用苋菜子之后，能使眼睛更看得见，所以“苋”字结构中有“见”字，他深深感佩“古圣取义之精！”

然而，苋菜对人体的保健作用，并不限于苋菜子。中医学认为，食用苋菜的叶、茎、根，有清热、利窍、通血脉、通大小便、助麻疹透发等作用。苋菜还有外治功用，例如治疗跌打损伤：以洗净新鲜苋菜根捣烂外敷未破皮之伤处，能消肿止痛；治疗漆过敏性皮炎时，用苋菜煎汤外洗患处能止痒。此外，古人还将洗净的新鲜红苋菜捣烂，外敷于指甲染红，宋代医学家苏颂记述：“紫苋茎叶通紫，吴人用染爪。”所谓“吴人”是指苏州为中心及其周围地区的居民；“染爪”，即是染红指甲。

现代科研报道，苋菜所含营养成分，因品种不同而不尽一致，总体而言，大部分与其他蔬菜相近，但有它的不同特点。人们通常认为，菠菜是对人体的营养价值很高的蔬菜，但苋菜却有若干优于菠菜之处，以矿物质的含量而言，苋菜的铁和钙都明显高于菠菜，并且较易被人体吸收，苋菜还含维生素K，所以是贫血和失血者、临产孕妇和产妇、骨折者、接受手术者等的辅助食疗良蔬。

苋菜富含镁，是它的又一特点，镁对人体有多种重要作用，诸如：激活体内多种酶；维持核酸结构稳定性；抑制神经兴奋；参与体内蛋白质合成；调节肌肉运动与体温；提高人体抗病力与防癌机能等。

研究者认为，糖尿病、肾炎、甲状腺机能亢进、癌肿等病患，体内镁被过多排去或耗损，进食苋菜能补充缺失的镁。糖尿病患者补充镁，能改善其糖耐量，减少胰岛素用量，对控制血糖有助益。苋菜富含镁，对维护冠状动脉与心功能有密切关系，并且它含钠量低，所以很适合心血管疾病患者食用。

胡萝卜素对维护人体视力有着重要作用，苋菜含有可观的胡萝卜素，中国古人对苋实具有明目功效的体验，由此获得了有力的佐证。

此外，苋菜所含碳水化合物、氨基酸、维生素（B类、C、E等）、矿物质（磷、锌、硒等）以及叶绿素、纤维素，也对人体分别产生保健功效。

由于苋菜含钾含量高，肾病者应少食或暂不食苋菜；还因苋菜有润肠作用，大便溏薄或腹泻者，苋菜也宜少食或暂不食。

“红嘴绿衣” 菠　菜

“嘴上红飘一点，身上绿蔓千茎，鲜鲜寒俎荐菠薐，味兴晚菘同永……”这是清末进士杨恩元(1875—1952)所写“西江月”词《咏菠薐》上阕，此处虽未引录全词，但词作者对菠薐菜的形、色、味赞赏之情，已跃然纸上。

菠薐菜即菠菜，为一年或二年生藜科草本植物，原产地波斯（即今之伊朗），所以也称“波斯草”，这两种汉文菜名均非原产地固有含意。据说菠薐菜最先被引种到印度、尼泊尔，公元6世纪传播到阿拉伯国家，约在十三四世纪传到欧洲一些国家，18世纪传到北美地区。菠薐菜之传入中国，明代《本草纲目》引唐代《刘宾客嘉话录》说：“菠薐种出自西国，有僧将其子（带）来，云本是颇陵国之种，语讹为波陵耳。”而“颇陵国”在何处？菠薐菜何时引种到中国？未见文献详述。《唐会要》认为：（唐）太宗时尼泊罗（尼泊尔）

献波稜。后来，加上草头偏旁成为菠稜菜。

菠稜菜也简称菠稜，因根部红色，故有红根菜、赤根菜、鹦鹉菜、珊瑚菜等别名。中国古人食用菠菜，发现它有通血脉、利五脏、止渴、润燥、通肠、解酒等作用，根部功效尤良，认为久病、痔疮、便秘者宜常食。

据现代科研报道，菠菜富含蛋白质、脂肪、碳水化合物、β－胡萝卜素、维生素C等，是居胡萝卜之后含有较多β－胡萝卜素的蔬菜，因而有良好抗氧化、延缓衰老、减少发生视网膜退化及夜盲症的功用。菠菜的赖氨酸与色氨酸含量相对较高，对促进人体（尤其儿童）生长发育，预防皮肤病和忧郁症，调节情绪，改善睡眠等，都有助益。

菠菜味涩，主要是含多量草酸所致。草酸与钙或铁或镁结合后，形成难以溶解的草酸盐，既妨碍人体对钙、铁等物质吸收利用，还可能在人体内产生结石。中国历来的菜谱里，菠菜和豆腐同烹调是常被采用的做法，并且曾有过一些雅名，清代文学家袁枚在《随园食单》中说："菠菜肥嫩，加酱水、豆腐煮之，杭人名'金镶白玉板'是也。"可是，根据现代营养学知识，未经消除大部分草酸的菠菜，同豆腐一道烹调，殊为不妥。为了尽可能多地除去菠菜中的草酸，烹饪前先把菠菜放入沸水中烫焯一二分钟，捞出沥干后，再同已基本烹饪好的豆腐略加烹调，即可放心食用。

御癌佳蔬　花椰菜

20世纪90年代以来，不少报刊先后发表的蔬菜防癌功效排行榜中，花椰菜（花菜）都名列前茅，因此，它是很值得善加利用的蔬菜。

花椰菜为一年生或两年生十字花科甘蓝的变种，其花蕊白色或淡黄者为白花椰菜，花蕊绿色者为绿花椰菜，两者泛称花椰菜，别名有花菜、菜花、芥蓝花、花甘蓝、球茎甘蓝等。绿花椰菜另有西蓝花、青花菜等别名。

花椰菜原产于地中海沿岸及荷、意、英、法等一些西欧国家沿海地区，后来逐渐被引种到世界许多地方。中国人引种花椰菜大约是在19世纪中期清代，白花椰菜最先被引种到中国广东、福建与台湾沿海地区。绿花椰菜则引进较迟一些。成书于清代光绪丙戌年（1886）的《闽产录异》较早记载了白花椰菜："近有市番芥蓝者，其花如白鸡冠。"民国初年

《素食说略》简述了花椰菜的形态特点和烹调方式："京师菜肆卖者，众蕊攒簇如球，有大有小，名曰菜花。或炒，或炖，或搭茓，无不脆美，蔬中上品也。"

花椰菜主要供人们作蔬食，但也可作药用。17 世纪末至 18 世纪 30 年代，荷兰医学家、植物化学家布尔哈夫（Herman Boerhaav，1668—1738）曾创制了若干品种植物的糖浆，其中有一种是取花椰菜花的花蕊和嫩茎榨汁，煮沸冷却后，加入蜂蜜调匀而制成花椰菜糖浆，用于治疗咽喉炎和气管支气管炎，据说有清咽、爽喉、润肺、止咳的功效。彼时，肺结核病尚无特效药可治，花椰菜糖浆用于肺结核病患者润肺止咳，能取得一些效果，且价格低廉，因而曾被病家称誉为"穷人的医生"。

现代学者对花椰菜科学实验得知，它含有多种对人体有益成分，特别突出者如吲哚（Indole）类化合物（包括芳香异硫氰酸苯乙酯和二硫基化合物），具有抑制肿瘤细胞增殖、诱导肿瘤细胞凋亡的效用，从而预防和减少胃癌、直肠癌、膀胱癌、前列腺癌、肺癌、乳腺癌的发生。花椰菜中的硒和 β－胡萝卜素能阻止人体癌前期的细胞变异过程，遏制癌肿生长。花椰菜所含 β－胡萝卜素和类黄酮化合物等成分，对人体的另一保健功效还有：抗氧化作用，延缓衰老，提高免疲力和肝脏解毒机能，降低发生血小板凝聚成块的概率，增强血管壁功能，减少心血管和脑部疾患。花椰菜所含维生素U，以及能杀灭幽门螺旋杆菌的萝卜硫素（绿花椰菜含量更多），很有益于防治胃溃疡、十二指肠溃疡和胃炎，从而减少发生胃癌。花椰菜所含叶黄素，是保护眼睛视力的重要抗氧化剂。花椰菜中的可溶性纤维和纤维素，既减少肠道对胆固醇吸收，又促进其蠕动，防治便秘。

此外，花椰菜还含有多种矿物质（钙、磷、铁、钾、钠、镁、铝、锰等），维生素（A、B_1、B_2、B_6、B_{12}、C、K），以及叶酸等，对人体也都各有其营养保健价值。

花椰菜的无数小凹花蕊，易残留农药，烹调前需予以清洗，然后浸泡于淡盐水中十分钟左右，再用清水冲洗之后烹调。还需要提及的是，花椰菜和其他芥类蔬菜含有少量干扰甲状腺利用碘质合成甲状腺素的物质，若长期连续进食较多量花椰菜，有可能发生缺碘性甲状腺肿大，因此，宜同时进食含碘食物予以弥补。

千金菜 莴苣

中国古代，莴苣被冠以“千金菜”的高贵称号，因其菜种是从他国引入，当初大概曾付出高昂的代价吧！宋代陶穀《清异录》载：“呙国使者来汉，隋人求得菜种，酬之甚厚，故因名‘千金菜’，今莴苣也。”所谓“呙国”，有人推想可能是阿富汗，因该国也是莴苣起源地之一，且与中国毗邻，故此说有一定依据；另有人推想是日本，因日本在古代称“倭”，汉文读音与“呙”相同，但此说证据不足。

莴苣为一年或二年生菊科植物，起源地主要在地中海沿岸的东南一带及亚洲西部地区。

一般认为，莴苣菜种大约在晋代时被传入中国，“苣”字是因该种蔬菜“叶似白苣”（据宋代《墨客挥犀》记述）。莴苣也称莴菜，其叶称生菜，茎称莴笋、莴苣笋、香莴笋等，之所以有“笋”字，是因其茎外观有些像竹笋。削皮后的莴苣茎，外观似玉，晶莹悦目，食之质嫩味美爽口，可供凉拌生吃或熟食，还可作成酱菜、泡菜等。莴苣叶主要供烹调熟食。

自古以来，喜食莴苣者不计其数，有些文化名人的诗作中，写有反映莴苣的内容，其中如唐代杜甫曾携童子兴致勃勃地栽种过莴苣，但因未掌握一定的农艺和栽种莴苣要诀，以致于栽下种子后，二十天都未萌发出土，却长出许多野苋，对此，他写了《种莴苣》长诗，其中有“苣兮蔬之常，随事艺其子，破块数席间，荷锄功易止”，但“两旬不甲坼，空惜埋泥滓”，竟然出现“野苋迷汝来……翻然出地速，滋蔓户庭毁”的情况，杜甫在诗中借野苋之“邪干正”事例，隐喻小人恶行当道，君子横遭欺压的愤慨之心情。宋代陆游《新蔬》：“黄瓜翠苣最相宜，上市登盘四月时。莫拟将军春荠句，两京名价有谁知？”反映两京（长安、洛阳）新上市的莴苣，价格昂贵到“有谁知”的情况。

中国古人食用莴苣，发现其能促进产妇分泌乳汁、消化食物、清除口臭、洁白牙齿、利尿、消肿等，但认为患眼疾者忌食莴苣。现代科研获知，莴苣除含有叶绿素、纤维素、若干种维生素与矿物质等外，还有数特点：一是有多量莴苣素，能促进胃液与胆汁分泌与胃肠蠕动，改善食欲、消化与通便；二是它的茎和叶中含白色乳状液，所以莴苣的拉丁名称 lactuca 中的 lac 即是牛奶之意，此种乳状液有轻度止痛和催眠作用；三是它含有一种芳香烃羟化脂，能分解食物中的致癌物质亚硝胺，有助减少胃癌、肝癌、肠癌等发生，并能减轻癌肿患者接受放射疗法及化疗的副作用；四是含较多钾，有助利尿、降血压、减轻对心房压力；所含氟元素有益牙齿保健。

莴苣的脂肪含量低，碳水化合物含量也不多，是适合高血脂、高血压、糖尿病患者以及需减肥者的食物。

由于莴苣含有刺激视神经的物质，进食过多，有可能产生头昏、嗜睡及某些眼疾，但停食莴苣数日后，能恢复正常。

如今，莴苣已在世界上许多地方广为栽种，莴苣起源地之一的巴勒斯坦阿塔斯（Artas）地方，现仍盛产莴苣，据报道，“阿塔斯民俗中心”（Artas Folklore Center），1994 年举办了第一届历时数天的“阿塔斯莴苣节”（Artas Lettuce Festival），其后每年举行一届历时数天至十余天“阿塔斯莴苣节”，只有一年未举办，至 2016 年已办第二十二届，借“莴苣节”之举办，推动该地区农业的发展。这表明，在阿塔斯地区，莴苣不仅仅是一种美味营养蔬菜，还被赋予一定的文化内涵了。

美味除脂 莼　菜

“羹煮秋莼滑，杯迎露菊新。”

（杜甫《秋日寄题郑监湖上亭》）

“若话三吴胜事，不唯千里莼羹。”

（苏轼《忆江南寄纯如五首》）

以上两诗都有咏莼之句，前者还特别赞赏了食莼的润滑之感受。

中华大地的中部、东南部和西南部是莼菜的主要起源地，黄河中、下游以南以及云南、广西、广东、福建、山东等有湖泊池沼的地区，多有莼菜生长，而以西湖、太湖所产的莼菜尤为驰名。如今，亚洲、大洋洲、北美洲、非洲等许多地方，也有莼菜的踪迹。

莼菜在中国古代称为茆（读音 máo）或蓴（读音 chún，

莼的异体字），或水葵。早在《诗经》中已有“思乐泮水，薄采其茆”的诗句，三国时代陆玑注释说：“茆与荇相似……叶可生食，又可煮，滑美。江南人谓之蓴菜，或谓之水葵，诸陂泽中皆有。”（《毛诗草木鸟兽虫鱼疏·薄采其茆》）

自古以来，莼菜是中国人民喜爱的食物。吴郡人张翰为食故乡莼菜，不惜辞去外地官职，返回家乡重享莼菜之美味，《晋书·张翰传》记述：“……翰因见秋风起，乃思吴中菰菜、莼羹、鲈鱼脍，曰：‘人生贵得适志，何能羁官数千里以要名爵乎？’遂命驾而归。”后来，由此衍生了表示思乡而辞官的“莼羹鲈脍”和“莼鲈之思”的成语。中国古人对莼菜的推重，还见载于6世纪南北朝时期、北魏人贾思勰的《齐民要术》，作者高度评价说：“芼（读音máo）羹之菜，莼为第一。”

莼菜的得名，缘于它的嫩茎像细丝，“莼”字结构中的“纯”字，含义之一是“丝”，所以莼菜又名莼丝、蓴丝。莼菜的别名水葵、凫葵、露葵，三者均有“葵”字，是因为莼菜具有类似葵菜一样润滑的特性。莼菜另一别名“马蹄草”，明代李时珍说是因其叶形似马蹄。此外，莼菜还有水莲叶、湖菜等名称，大概也各有其依据。

供食用的莼菜，通常采其尚未露出水面的卷叶及嫩梢。取莼菜和大米合煮成的莼菜粥，有清香嫩滑的口感。但是，莼菜没有其他明显的滋味，它和鱼、虾或其他食物共烹调方能产生不同的滋味，诸如鲈鱼莼菜羹、鲫鱼莼菜羹、莼菜银鱼羹、莼菜鱼丸汤、莼菜香菇冬笋汤、虾仁拌莼菜，等等。

中国古人食用莼菜，体验到它对人体有清热、解毒、醒酒、逐水、消肿、止呕、通肠等效用。鲫鱼莼菜汤是很适于糖尿病患者的辅助食疗。新鲜莼菜洗净，捣成糊状，可用于未溃烂疔疮的外敷治疗。

根据现代科学知识，莼菜是睡莲科多年生宿根水生植物，根茎横向生长于浅水底泥土中，茎细长如丝，叶背分泌的透明状黏液，属多糖物质，具有降血脂、降血糖和抗御肿瘤的作用。莼菜富含维生素 B_{12}，对巨幼红细胞性贫血及恶性贫血患者，可用作辅助食疗。莼菜还含蛋白质、胡萝卜素、维生素 C、钙、磷等，它低脂、低糖、低热量，不含胆固醇，很适于高血脂、高血压、糖尿病患者以及减肥者食用。莼菜豆腐番茄汤，兼有三种食物所含之营养成分以及番茄的番茄红素和酸味，对妊娠早期反应所出现的恶心、呕吐、食欲下降、嗜酸等症状，有良好的缓解与改善作用，是孕妇妊娠早期的良好食谱之一。

中医学认为，莼菜性寒而滑，因此体质虚寒、月经期妇女、大便溏薄者，不宜多食莼菜。

奇香开窍　香　菜

说到香菜，大概很多人曾经食用过，有人对它的独特芳香，可能还留有美好的真切感受。香菜的最早发源地主要在欧洲地中海沿岸及中亚地区，据说早期欧洲人把它有异味的种子，作为刺激性药剂用于防止胃痉挛等，后来才利用香菜作食物的调味。

香菜之传入中国，据西晋张华《博物志》载说，是西汉朝廷派遣张骞率众出使“西域”返回中原时，带回了香菜种子栽培繁衍，逐渐扩展到中国大部分地区。香菜传入中国之初，人们称它为“胡荽”，“胡”是指它从西域传入；“荽”的含义，据明代《本草纲目》的解释，是说胡荽的“茎柔、叶细。而根多须，绥绥然也。”所谓“绥绥然”，是形容生长茂盛繁密。

公元319年，山西上党武乡人石勒（274—333），在山西及北方一部分地区，建立后赵政权，自称赵王，因他是羯（读音 jié）族，对羯族被称为“胡人”很厌恶，禁止其部下和所统治的百姓提到“羯”和“胡”字，东晋时的《邺中记》述及：“石勒讳胡，胡物皆改名。胡饼曰麻饼，胡荽曰香荽。”虽然，石勒禁止人们用“胡”字，但在许多地方，香菜仍常被称为胡荽、胡菜。另也有把胡荽称为“蒝荽”，“蒝”字是指植物的茎、叶分布聚散状。而胡荽的别名芫荽、莞荽、园荽、延荽等，可能是根据蒝荽谐音所衍生。至于香菜之名，出现似乎较晚，见载于宋代文献。

香菜的最大特点是芳香独特，元代王祯《农书》记述：“胡荽，其子捣细，香而微辛，食馔中多做香料，以助其味于蔬菜。子、叶皆可用，生熟俱可食，其有益于世也。”明代屠本畯《野菜笺》载有赞赏香菜的诗句：“相彼芫荽，化胡携来；臭如荤草，脆比菘苔；肉食者喜，藿食者谐；惟吾佛子，致谨于斋。”而古人用“热饼裹食”香菜之法，迄今仍被人们沿用。

香菜的治病效用，归纳中医文献之记述，主要有：通窍醒脑、发表升散、麻疹畅透、气香爽口、消食化积、利大小便、化痰、止头痛、减鱼和肉腥骚、促产妇泌乳等。此外，胡荽或胡荽子可用于外治某些疾患，例如牙齿疼痛。唐代《外台秘要》记载：“胡荽子五升，以水五升，煎取一升，含漱。”对于脱肛，唐代《食疗本草》介绍：秋、冬捣胡荽子，醋煮熨之，甚效。

现代学者研究得知，香菜的独特芳香，主要是癸醛、壬醛、芳樟醛、乙酸龙脑酯等挥发性成分产生，香菜中其他含量较多者为胡萝卜素、维生素 C、纤维素和钾，此外还有碳水化合物、尼克酸、钙、磷、镁、钠、锰等。据报道，食用香菜对人体的保健作用与辅助医疗效果，主要有：帮助消化排泄；促进麻疹透发；防治泌尿道感染；活跃血液循环；改善寒性体质手脚发凉症状；增强对风寒感冒的防治效果等。

用香菜调配作食疗，菜式很多，简便者例如：长时间停留在冷气空调房间内，身体对体温的调节受到影响而欠佳，导致轻微头痛、恶心、食欲不振，取香菜、葱白、冰糖合煮饮服，能舒解上述症状。取陈皮、生姜和粳米煮粥，盛入碗内，拌适量鲜香菜进食，有助人体散寒、止头痛、健胃、消食。对于声音嘶哑者，取香菜和冰糖饮服，能润燥生津，恢复声带发音机能。

应用香菜于食疗保健，近年来更有所发展，日本有些人把洗净的香菜泡于沸水后作茶饮，据认为它帮助人体排油脂的效果优于柠檬茶和薄荷茶。据报道，2007 年东京出现了以香菜搭配做成诸多菜肴的餐馆，其中还有香菜冰淇淋。

中医学认为，香菜性味辛辣，有些人不宜多食，例如，孕妇、病后初愈常有气虚者、狐臭者、皮肤瘙痒及服补药者。现代医学认为，香菜有促进子宫收缩作用，如孕妇食用过多，有可能导致流产，但若偶尔适量食用，则可能获得改善食欲、帮助消化、利大小便和预防感冒的益处。

香菜为一年生或两年生伞形科草本植物，现代菜棚栽种，一年四季都有供应，它具有辛香刺激性，虽然虫害少，但食用之前，仍需对其仔细清洗、除去剩余农药。而挥发性芳香成分损失太多以及发黄的香菜，不言而喻是不能食用的。

回味复香 茴　香

日常调味品之一的茴香，因具有消除食物异味，并使之恢复香味的特性而得名。唐代医学家孙思邈说："煮臭肉，下少许(茴香)即无臭气，臭酱入(茴香)末亦香，故曰回香。"回香是植物，"回"字上加草头偏旁，即成为"茴香"了。

中国古代，茴香还有蘹香之名。明代医药学家李时珍说，俚俗往往把茴香藏于衣襟内的怀（懷）里，因能随时将它放入口中咀嚼以消除口臭，所以称它为怀（懷）香。"懷"字加上草头偏旁而成为"蘹香"了。

茴香还有一趣事，因它与"回乡"读音相同，有人把它们互相替代嵌入诗词之中，别有一番情趣。宋代诗人、进士陈亚（字亚之）在《生查子·闺情》中写道："相思意已深，白纸书难足。字字苦参商，故要槽郎读。分明记得约当归，远至樱桃熟。何事菊花时？犹未回乡曲。"词中每句都写到中药。首句“意已”谐音薏苡，第二句“白纸”谐音白芷，第三句、第五句至第七句，都明确写出了中药名称，分别为苦参、当归、远志、菊花，第四句“郎读”谐音狼毒，是植物，中医也作药用。檀郎，古人指夫君或美男子。末句“回乡”谐音茴香。再如《西游记》第三十六回里，有一首每句嵌入一或两种中药名的抒情诗：“自从益智登山盟，王不留行送出城。路上相逢三棱子，途中催趱马兜铃。寻坡转涧求荆芥，迈岭登山拜茯苓。防己一身如竹沥，茴香何日拜朝廷？”末句“茴香”便是“回乡”谐音。

根据植物学知识，茴香有大、小两种，前者为木兰科八角属，其果实成熟后分裂成八瓣，每瓣一核，所以称为八角茴香，简称八角，又称大料；后者为伞形科茴香，果实成熟后称为小茴香。大、小茴香所具有的挥发性芳香成分大致相同，都能消除肉类、鱼类等食物中的臊腥气味，历来供食物调味之用。小茴香的叶子和嫩枝还可作蔬菜。

茴香作为中药，对虚寒性体质或因寒冷引起的胃痛、呕吐、腹胀、腹痛、大便稀薄、腰背疼痛、痛经以及四肢寒冷等皆有治疗功效。此外，茴香还有助于消除产后血瘀，外治跌打肿痛等。大茴香气味偏于浑厚，不似小茴香气味较燥烈，所以祛寒效果稍逊于后者。

据研究报道，茴香的芳香是因其含有的挥发性物质所产生，其成分复杂，比如小茴香主要成分有茴香醚、茴香醛、茴香酮、茴香烯、甲基胡椒酚等。茴香的挥发性物质对人体的保健治病功效主要有促进血液循环，刺激胃肠道的消化液分泌，促进胃肠道蠕动，排除胃肠道胀气，改善便秘，缓解肠道痉挛，减轻胃肠道疼痛；有助肝组织再生，促进胆汁分泌，抑制大肠杆菌、痢疾杆菌等生长；其类似雌激素作用，能刺激产妇乳腺分泌乳汁。对气管和支气管，一方面能刺激其分泌作用，产生祛痰效果；另一方面能松弛气管、支气管平滑肌，从而减轻咳嗽与气急。此外，茴香烯能促进骨髓细胞成熟，并释放进入外周血液中，可增加中性粒细胞，有升高白细胞的作用，对白细胞减少症有辅助食疗作用。

中医学认为，茴香药性辛温，口干咽痛、牙齿疼痛、眼睛红痛、患皮肤病者等，暂不宜食茴香。

小茴香可用于温熨治疗胃痛、腹痛：将小茴香五十克炒至温热，装入布袋，温熨上腹部或下腹部，能改善胃肠道血液循环，促进胃肠道蠕动，有助排除胃肠道积气，缓解胃痛和腹痛之功效。

异香麻辣　花　椒

花椒，通常是指花椒的果皮和花椒子，是中国菜肴——尤其是四川菜中的重要佐料，品尝过它的人，对其芳香和麻辣风味，可能久久难以忘怀！

用花椒和其他食物烹调出的菜式，品种繁多，本文不一一罗列，仅以花椒（烘焙研末）与食盐（研细）同炒成的“椒盐”为例，以之为佐料烹调成的椒盐排骨、椒盐鸡翅、椒盐酥鸭、椒盐虾等，莫不给食用者独特的美味享受。唐代诗僧寒山子所写“蒸豚搵蒜酱，炙鸭点椒盐”诗句，正是他对椒盐佐食体验的写照。

花椒果实的彤红美观果皮和乌黑繁多种子，又给人们以某些遐想。两千年前，《诗经·唐风·椒聊》诗句：“椒聊之实，蕃衍盈升”“椒聊之实，蕃衍盈匊（掬）”。所谓“椒聊”，是指花椒的一串串花椒子。上述两句诗，反映诗人有感于花椒子的繁多“盈升”与“盈掬”（双手捧得满满的），比喻、赞咏妇女多子。

生长于中华大地的花椒，历史久远，别名有大椒、秦椒、蜀椒、巴椒、川椒、汉椒等，或简称为椒。中国古人不仅采集花椒烹调菜肴，还将它用于医疗保健，中医学归纳其医疗功效主要为：温中散寒、除湿、止痛、驱虫、解腥等，可用于治疗呕吐、噫呃、胃肠冷痛、食物积滞、食欲不佳、泄泻、寒咳、水肿、蛔虫病等。汉代名医张仲景治“蛔厥”方剂“乌梅丸”，其配伍中的蜀椒，主要是发挥驱蛔作用。根据古人此项有效经验，现代有医者以花椒一两加水二市斤煎汁，用于蛲虫病患者做保留灌肠治疗，每日一次，连用三至四次，能取得明显疗效。另据报道，哺乳期妇女，如需回乳，可取花椒六克至十五克，加水四百至五百毫升煎汤，浓缩成二百五十毫升，加适量红糖，趁温热时一次口服，据说多数饮服者在服药后六小时，分泌乳汁明显减少，次日乳房胀痛缓解或消失。每日服一次，连服二三次通常能取得回乳效果。花椒子有行水消肿作用，可用于利尿及治疗水肿。花椒还可用于一些疾患外治：小虫爬进耳内不出，将川椒研细浸米醋中，以此米醋适量滴耳，能驱使小虫逃出。对某些下肢寒湿患者的治疗，宋代《妇人良方》介绍，取川椒二至三升盛于布囊内，患者每日光脚踏之，能取得一定疗效。

中医学认为，花椒性味辛温，阴虚火旺者忌食，孕妇也应慎食。

根据现代科学知识，花椒为芸香科灌木或者小乔木，其果实含辛辣芳香性挥发油，其中花椒素是产生麻辣的根源，它是由牻（读音 máng）牛儿醇、柠檬烯、枯醇等组成。此外还含有甾醇、不饱和有机酸以及某些维生素、矿物质等。动物实验，进食花椒有促进新陈代谢作用。多量口服牻牛儿醇对胃肠道和呼吸道有抑制作用，并能使蛔虫、蛲虫致死。

在中国，花椒既供人们烹调食物和药用，而且中国人民从古代起就根据花椒的特性，陆续创造了有椒字组成的不少词汇，并赋予不同含义，诸如：椒目（花椒果实内的乌黑种子），明代《本草纲目》记述：花椒“其子光黑，如人之瞳人，故谓之椒目。”“瞳人”，通常泛指眼珠；椒酒及椒浆（用花椒浸制的酒，古代民俗，农历正月初一日，人们用椒酒祭祖或进献给长辈致贺或祝寿）；椒花和椒花颂（都是以椒花表示新年的祝愿）；椒花筵（农历正月初一日取椒酒致献长辈表示祝贺，或者在全家聚餐时共饮椒酒，祝愿全家美好幸福）；椒芳（香味浓郁的椒酒）；椒杯（盛有椒酒的杯子，也指椒酒）；椒料（芳香浓郁的花椒调料），古人曾讽刺技艺拙劣的厨师（庖丁）只知多用椒料烹调食物，明代谢肇淛《五杂俎·事部》说：“友人王百穀有言：‘庖之拙者则椒料多，匠之拙者则箍钉多，官之拙者则文告多。’”

由于花椒芬芳、辛温、多籽，古人将花椒子与泥土拌和成“椒泥”，用于铺饰道路，称为“椒涂”；中国古代，皇后所居之宫殿，用椒泥涂抹墙壁，称为“椒房殿”，约成书于南北朝之前的《三辅黄图·未央宫》记载：“椒房殿在未央宫，以椒和泥涂，取其温而芬芳也”；其他，如椒宫、椒殿、椒室、椒屋、椒第、椒寝、椒阁等，都是指皇后的居处。此外，“椒”字组成的词还有椒廷（皇宫内）、椒繁（椒子繁盛，比喻子孙众多）、椒馨（花椒之芳香）、椒兰（指花椒与兰花，都是芳香之物，比喻为美好）……

一物多用途，涉及饮食、医药、民俗、文化等数个领域，花椒是颇为突出者。

小小的花椒，似微不足道，然而细究之，却从一个细微点，反映出中华文化之悠久、内涵之丰富。

富维生素P　紫　茄

在蔬菜之中，紫色者比较稀少，紫茄是其中之一，为一年生或多年生草本，起源于东南亚的热带地区，古印度人最早将野生茄子进行人工栽种驯化，使之成为蔬菜，因而，印度是茄子主要原产地。

中国人引种茄子，从文献记载看，至少已有一千五百多年。在4世纪初，西晋时代嵇含《南方草木状》里已载及茄子。而在《资治通鉴》卷九十四里，还写到晋代冠有“茄子”菜名的地名，文内记述，东晋“咸和”三年（328），镇守广陵（属今扬州）的郗鉴率军南渡长江，与陶侃等率领的部队在长江南岸石头城（南京）附近的“茄子浦”会师。该地名之产生，推测可能与栽种茄子有关联。表明该时期茄子在中国已不少见。我们还可从一些诗句中找到佐证。南朝梁文学家沈约（441—513）《行园诗》里写道：“寒瓜方卧垄，秋菰亦满坡。紫茄纷烂漫，绿芋郁参差……”

茄子古名紫膨亨、伽，别名落苏、酪酥、昆仑瓜等。茄子依不同品种和形状，还有圆茄、线茄、长柱茄等名称。

茄子除了作蔬菜食用，中医学认为它能清热、活血等。新鲜茄子切片敷脓肿能止痛排脓，宋代《圣济总录》“茄子角方”是此种治法之一。

根据现代科学知识，茄子是天然食物中富含维生素P的食物，特别是紫色表皮连接肉质部位的含量尤多。维生素P又称芦丁（Rutin）或路丁，它对维持毛细管弹性、降低微血管通透性、增强维生素C活性、抗炎、抗过敏、降血脂、解痉以及保护创面等，都有重要作用。人体自身不能合成维生素P，食用茄子即能提供给人体丰富的维生素P。

茄子含大量钾，有助于维持人体酸碱平衡和细胞内渗透压。紫色茄子的烟碱酸含量也多，它能提高人体细胞间粘着力，增强微血管弹性、降低其脆性。茄子不含胆固醇，却能降低人体胆固醇。茄子所含龙葵碱，能抑制胃和直肠癌细胞增殖。近年，茄子也被用于皮肤美容。据介绍，将新鲜茄子切片搽面部褐斑，一日两次，持续一段时日后，褐色斑会逐渐变淡。

茄子切开后，在空气中放置一段时候，切开处会变黑，这是茄子所含鞣质及铁元素经空气氧化所致，所以茄子切开后最好及时烹饪，若不能及时做成菜，可将切开的茄子放入清水中以减少氧化变色。

茄子很会吸油，烹饪茄子时最好是把茄子切块放入开水中焯熟，捞出后加进佐料与少量芝麻油或橄榄油捣成菜泥进食；也可把茄子切细条蒸熟，然后用上述佐料与油拌食。食茄子后很易有饱腹感，故可以减少进食其他食物的分量。

判断茄子是否鲜嫩，可以观察茄子萼片与果实连接处的一圈浅色环带，其环带的宽度越大越明显，表明尚未老化；若宽带不明显，表示已老化。茄子果实底部膨大、质硬，也是老化征象。老化茄子含茄碱较多，有碍人体健康，所以不宜多吃老化的茄子。

还需提及者，茄子含有阻碍人体的酵素分解麻醉剂的物质，接受麻醉剂施行手术者（尤其是全身麻醉），手术之前的一周内和手术后的当天不要食茄子，以避免拖迟接受麻醉者的苏醒时间。

富番茄红素　番　茄

顾名思义，番茄是从“番邦”引种到中国的茄科植物，成熟的番茄色红而形状颇像柿子,故又有“番柿”“洋柿子”“西红柿”之称。

从外国引种到中国的番茄品种，最初起源于南美洲西部安第斯（Andes）山区，秘鲁和墨西哥人最早把野生番茄进行人工栽种。16 世纪时，西班牙殖民主义者到达墨西哥和中美洲后，将番茄种子带回欧洲栽种，后来，它在西班牙、葡萄牙、意大利等国家很受人们青睐。在法国，番茄被称为“爱情苹果”，德国则有人称它为“伊甸乐园苹果”。

中国人开始引种番茄，多认为在明代万历年间。然而，元代王祯《农书》已记载番茄:“……又一种白花青色稍扁，一种白而扁者，皆谓之番茄，甘脆不涩，生熟可食。”此记述之番茄，未写到番茄成熟后所呈现的颜色通红和滋味感受的重要特征，看来不大像后来人们所常见到和食用的番茄。公元 1617 年，明代赵函《植品》述及：明代万历年间（1573—1619）西洋传教士把番茄和向日葵的种子带到中国。公元 1621 年，王象缙《群芳谱》记载："番柿，一名六月柿……最堪观，来自西番，故名。"这是中国现存古代文献最早记述番茄传入中国的资料，引文里没有写番茄可供食用，却写到"番柿……最堪观"，表明番茄被引种到中国的起初一段时期里只是供观赏。至清代后期，中国人才逐渐食用番茄。

现代科学分析，番茄含维生素（A、B 族、C、E 等）、胡萝卜素、碳水化合物、谷氨酸等二十种氨基酸、脂肪、有机酸、纤维素、矿物质（钙、磷、铁、钾、碘、硒等）。特别值得称道者，是它富含番茄红素（Lycopene），此种红颜色抗氧化物质，因最先在番茄内提取到，所以称为"番茄红素"，其主要功效，一是抗氧化作用显著大于维生素 C 和维生素 E，能更有效清除人体内的自由基，延缓细胞与组织老化，降低发生动脉硬化、中风和心肌梗死等；二是减少发生细胞突变和癌变，有助预防胃癌、胰腺癌、肠癌、前列腺癌等；三是促使细胞生长和再生；四是防御紫外线辐射；五是维护皮肤功能等。

番茄越成熟而颜色越红，番茄红素含量也越高。番茄红素性质稳定，番茄在热炒、煮熟过程中，番茄红素也不易受损。番茄红素是脂溶性，番茄用油烹调后，更促进了番茄红素溶解释出，同样，番茄经过加工制成番茄酱，其番茄红素含量仍高。因此，从营养和保健角度而言，日常生活中，最好能常吃炒熟的番茄或番茄酱。

番茄低钠，不含胆固醇，热量很低，是理想的减肥食物之一，并且它还是美容佳品，据介绍，将番茄汁搽脸，十五分钟之后用温水洗净，每日早、晚各一次，经过一段时日后，能帮助清除面部死皮，减少面斑。

此外，印度学者研究发现，番茄红素能增加某些原因不明的不育男性的精子数量。

番茄虽然对人体有诸多益处，但学者研究提出，进食番茄须注意之处：一是不可吃尚未成熟的青色番茄，因它含有龙葵碱毒性物质，食入一定分量之后，可能发生头晕、恶心、流涎、呕吐等中毒症状；二是接受麻醉剂施行手术的患者，手术前一周内不要进食番茄或茄子，因它们含有会阻碍人体内的酵素分解麻醉剂的物质，若人体内存在该种物质，将拖迟病人麻醉后的苏醒时间。

减肥美肤 冬　瓜

现今，每到夏秋季节，硕大冬瓜纷纷登场，上市于许多地方。其实在古老时代的中国，便已有它的踪迹，《神农本草经》称之为："白瓜"。李时珍引前人的记载说：冬瓜经霜后，皮上白如粉涂，其子亦白，故名白冬瓜。

冬瓜何以有"冬"字？李时珍认为"以其冬熟也"，这大概是在他生活的那个时代，冬瓜主要是在冬天成熟结果。他还根据北魏《齐民要术》的记述：冬瓜（农历）正、二、三月种之。若十月种者，结瓜肥好，乃胜春种。所以，他认为这或许也是冬瓜得名的依据之一。

在中国人民的日常生活中，冬瓜可被做出各种形、色、味的食品，李时珍总结说，冬瓜"……其肉可煮为茹，可蜜为果，其子仁亦可食，兼蔬果之用。"另一方面，中国人民还把它用于医疗：内服主要有利水、消痰、清热、解毒等功效；外用有助于消散痱子、痈肿等。

关于冬瓜的益处，还值得提及的，是它的减肥和美容作用。

唐代医家孟诜《食疗本草》认为，进食冬瓜能益气耐老，指出身体肥胖者长期进食冬瓜之后，有助减肥而使身体轻匀健美，然而，身体消瘦者，则不宜多食冬瓜。后来，宋代医家唐慎微在《证类本草》中，特把孟诜的论点引载：“（冬瓜）……欲得瘦小轻健者，则可长食之。若要肥，则勿食。”

此外，中国古人还有将冬瓜外用美容的经验，宋代《圣济总录》介绍：冬瓜一个，竹刀去皮切片，酒一升半，水一升，煮烂滤去滓，熬成膏，瓶收，每夜涂之，能使“面黑令白”。《本草纲目》则介绍外用冬瓜美容的另一种方法：把冬瓜瓤捣烂取汁擦脸和体表，据说能“令人悦泽白皙”。

现代学者研究得知，冬瓜含羽扇豆醇、甘露醇、β-谷甾醇、葡萄糖、鼠李糖以及若干种维生素与矿物质等。有人认为其中丙醇二酸有减肥作用，但冬瓜的美容机理，还有待阐明。

中国古人食冬瓜减肥，看来并没有什么不良副作用，需减肥美容者，似可作为措施之一参考。

超级食物　南　瓜

20 世纪 90 年代以来，学者们研究和比较各种植物类食物对人体防癌、延缓衰老、减肥、美容、食疗等之功效，明确认识到南瓜是大有裨益者，他们先后撰文或著书予以报道和推荐，其中，史蒂文·普拉特（Steven Pratt）和凯蒂·马修斯（Kathy Matthews）合著《超级食物：十四种将改变生命的食品》（*Super Foods RX: Fourteen Foods That Will Change Your Life*），在 2004 年 2 月登上美国畅销书排行榜，作者在书中推荐的十四种超级食物名单里，南瓜赫然在目。

南瓜是一年生葫芦科草本植物，原产于中美洲和南美洲，约在 16 世纪传入欧洲，尔后辗转传至南亚地区，之后，传入中国云南、广东、福建等一带，进而再传播到中国大部分地区。由于它来自外国，所以称为番瓜，又因它先从中国南方传入，故称为南瓜。此外，它还有“饭瓜”别名，可能是因它能代替粮食之故。

据科学实验分析，南瓜果肉含胡萝卜素、维生素（A、B、C、D等）、碳水化合物、精氨酸、瓜氨酸、天门冬酰胺、葫芦巴碱、类黄酮素、叶黄素、甘露醇、可溶性纤维、矿物质（铁、磷、钙、镁、锌、钴、硅等）。南瓜果肉颜色橙黄，科学研究发现并证实，黄颜色食物富含胡萝卜素和类黄酮素等物质，具有帮助人体防癌、防心血管疾病、延缓衰老以及美容等多方面良好功效。18世纪，清代名医赵学敏在所撰《本草纲目拾遗》中写道：“大凡味之能补人者独甘，色之能补人者多黄。南瓜色黄味甘……能峻补元气，不能以贱而忽之。”生活在两百年前的赵学敏，并不知晓南瓜所含具体成分，但他从生活和医疗体验中，以“南瓜色黄味甘”特性，深信其“能峻补元气”之功效，强调“不能以贱而忽之”等论点，十分难能可贵。

人们对南瓜医疗价值的认识，也是经历由少到多、由浅到深的过程。中医学认为，常食南瓜有补中益气功效，内服南瓜子有驱绦虫作用。将捣碎的生南瓜肉或瓜瓤外敷疔疮、烫伤、创伤患处，有消炎、止痛作用。有人介绍，将南瓜蒂焙干研成粉末，外敷孕妇下腹部能治疗胎动不安，并可用于产妇乳头皲裂和溃疡的外敷治疗。近数十年以来，医界发现，常食南瓜对防治糖尿病和高血压有助益，食南瓜子对防治前列腺癌可能有一些效果。把捣烂的生南瓜外敷面部，可减少面斑和皱纹，是天然美容佳品。而常食南瓜能取得增强人体防癌、防治心血管疾病、延缓衰老等方面的功效，已被证实肯定无疑。

南瓜除了可炒食、煮食之外，还可制成南瓜馅蒸饺、南瓜糕饼、南瓜蜜饯等。《本草纲目拾遗》记载民间用南瓜制成的美食“素火腿”：“（农历）九十月间收绝大南瓜，须极老经霜者，摘下，就蒂开一孔，去瓤及子，以陈年好酱油灌入令满，将原蒂盖上，封好平放，以草索悬户檐下，次年四五月取出蒸食，即‘素火腿’也。”赞其“味尤鲜美”“开胃健脾”。

南瓜既然有如此多的食用和医疗保健价值，且被推荐为超级食物之一，是十分值得善加利用者。

消暑止渴 西　瓜

如今，已落户于世界许多地方的西瓜，其“祖籍”为非洲东北地区。阿拉伯人称西瓜为Battekh，含两种意思，一是指贴近地面蔓生的植物，另一是指舔食的蔬果。考古学者研究认为，人类将野生西瓜改变为人工栽培，其历史至少已有四千多年了。因西瓜具有明显形色美的特征，所以在古埃及艺术家的绘画作品中，不乏西瓜之画面。

据康普顿（Compton）的《新世纪百科全书与参考集成》（*New Century Encyclopedia and Reference Collection*）所述，在中世纪早期，西瓜之种子经非洲伊斯兰教徒携带传播到欧洲。其他文献则记述，大约13世纪时，欧洲一些国家的人民已栽种并食用西瓜了。约翰·马利安尼（John Mariani）编撰的《美国食品与饮料词典》（*The Dictionary of American Food and*

Drink）说，西瓜的英文名称 Watermelon 最早出现于公元 1615 年，该名称之含意为“水蜜瓜”，名与实颇为贴切。

西瓜之传入中国，据说大约在公元前 3 世纪辗转经西域传入，故称“西瓜”。1970 年以来，考古工作者在数处汉墓中，发现了西瓜子。例如，1980 年在江苏邗江县的一处汉墓随葬漆笥中，装有西瓜子。该墓主卒于西汉本始三年（前 71），至今已有二千一百多年了。

西瓜的形色与性味，汉代“建安七子”之一的刘桢，在《瓜赋》里描述为：蓝皮密理，素肌丹瓤，甘逾蜜房，冷亚冰霜。正因西瓜属寒性，故在魏晋南北朝时期有“寒瓜”之称。而彼时，西瓜在中国还比较少见，《南史·滕昙恭传》载：南昌滕昙恭“母杨氏患热，思食寒瓜，土俗所不产。昙恭历访不能得，衔悲哀切”。那时候，病人想吃西瓜，家人为之四处寻求却难以觅到，以致令人陷于“衔悲哀切”的境地。

北宋时，名画家张择端精绘之《清明上河图》，细腻地反映了当时京都汴梁的市井风光民俗，其中有水果摊上摆放出售西瓜的画面。加之民间有“怀远石榴砀山梨，汴梁西瓜甜到皮”的谚语，表明在北宋时，汴梁（今河南开封）一带的西瓜，以质优而颇负盛名。

西瓜有清热、解暑、止渴、利尿等功效，古代中医很早已将它用于医疗。元代名医朱丹溪的《丹溪心法》推荐以“西瓜浆水徐徐饮之”治疗口腔溃疡。元代营养学家忽思慧的《饮膳正要》称许西瓜“解酒毒”之功。明代医家吴有性的《温疫论》赞赏西瓜对高热烦渴患者辅助治疗之效。此外，西瓜皮制成的“西瓜翠”，煎汤内服有清热、解暑、利尿、消肿作用。

千百年来，西瓜因所具特色而广为大众喜爱，在中国历史上，人们对它写下了不少赞咏之诗句。南宋政治家、文学家文天祥，就曾兴致勃勃地写作了《西瓜吟》：“拔出金佩刀，斫破苍玉瓶，千点红樱桃，一团黄水晶；下咽顿除烟火气，入齿便作冰雪声……”短短几句，把西瓜的形色、质地、功效，生动有趣地概括了。

根据现代科学知识，西瓜为葫芦科植物，果实所含成分主要有大量水分，多量葡萄糖、番茄红素，还含果糖、苹果酸、瓜氨酸、精氨酸、胡萝卜素、维生素（A、C、B_1、B_6等）、矿物质（钾、镁等）。其中番茄红素、胡萝卜素和维生素C，有很好的抗氧化作用，有助延缓细胞老化。瓜氨酸最早是从西瓜提取到，它有一些松弛血管平滑肌作用，并增强精氨酸作用。西瓜的利尿作用，主要是因它含大量水分，据报道还有精氨酸促成尿素形成而产生利尿作用。西瓜含多量糖分，糖尿病患者慎食西瓜。消化不良和腹泻者应暂不食西瓜。

一物多用 丝　瓜

“寂寥篱户入泉声，不见山容亦自清。数日雨晴秋草长，丝瓜沿上瓦墙生。”这是宋代诗人杜北山《咏丝瓜》诗句。由于丝瓜的生长特征和形态特色，以及一物多用等特点（可供人们蔬食、疗疾、美容、观赏、作生活用品等），所以，千年以来，它不仅在中国不少文献里被载及，还在一些诗作、绘画中有所反映。

丝瓜是葫芦科一年生攀援草本植物，其别名、异名不下二十种，诸如天吊瓜、天丝瓜、天络瓜、天罗絮、絮瓜、绵瓜、布瓜、洗锅罗瓜等。丝瓜依据瓜皮有无纵向棱角，主要分为有棱丝瓜和无棱的普通丝瓜两大类。

作为蔬菜，丝瓜可单独炒食、煮食，或与其他食物共同烹调，菜谱品种繁多，不胜枚举。丝瓜既提供人体某些营养物质，还对一些疾病具有防治作用。

中医学认为，丝瓜性味甘凉，有清热、消暑、化痰、生津、滑肠、利尿、消肿、通经络、行血脉与通乳汁等功效。可用于治疗咽喉肿痛、口舌干涩、产妇乳汁不通等病症。文献介绍，取粳米煮成粥后，加入新洗切的丝瓜和适量盐，再煮片刻，此种丝瓜粥可用于热性咳嗽辅助治疗。用丝瓜汁擦脸，每日一至两次，持之以恒，经一段时日后，有滋润面部皮肤、减少皱纹作用。

老熟干燥丝瓜果实，去除外皮和种子之后，剩下“筋丝罗织”的粗纤维，称为丝瓜络、丝瓜筋、天罗线、千层楼等，中医用于治疗胸胁疼痛、腰痛、小便不畅、闭经等。丝瓜络以水煎汁后，取汁加适量蜂蜜内服，可作为尿路感染的辅助治疗。丝瓜络加工成的丝瓜炭，有止血作用。

丝瓜络质韧而柔，宋代诗人赵梅隐也写有一首《咏丝瓜》诗:“黄花褪束绿身长，百结丝包困晓霜。虚瘦得来成一捻，刚偎人面染脂香。”对丝瓜络作了生动写照。丝瓜络无毒性，无异味，用它沐浴擦身，对皮肤兼有去垢、清洁和摩揉、保健双重作用。用丝瓜络洗擦锅、盆等物品，有良好的去污作用。诗人陆游在《老学庵笔记》里，十分赞赏丝瓜（络）“涤砚磨洗，余渍皆尽而不损砚”之妙用。颇为有趣的是，丝瓜的英文名称之一，是由 dishcloth 和 gourd 两个词汇组成为 dishcloth gourd。前者含义为洗碟布或抹布；后者含义为葫芦科植物的果实（前已述及丝瓜属于葫芦科植物）。中国和英国，都有人将丝瓜络用于抹洗用具，真可谓“不约而同”！此外，丝瓜络还是制作鞋垫的优良天然材料。穿丝瓜络垫的鞋子步行，脚底受到按摩，通气爽适，有助于减少足部疾患。

研究者实验报道，鲜嫩丝瓜含皂苷、丝瓜苦味素、黏液、胡萝卜素、维生素（B_1、C 等）、干扰素诱生剂、瓜氨酸、葫芦素、食物纤维、磷、铁等。丝瓜络含木聚糖、木质素、甘露聚糖、粗纤维等。丝瓜皂苷有强心作用，能提高细胞活性，促进伤口愈合，抑制肠道对胆固醇的吸收。丝瓜苦味素有清热、健胃作用。丝瓜“干扰素诱生剂”刺激人体正常细胞干扰素基因产生的干扰素，具有抗细胞的癌变和抗病毒感染的功效，因此能抑制食道癌、胃癌等的细胞增殖。但是，“干扰素诱生剂”不能耐受高温，所以烹调丝瓜的时间不可太长，以免使其受到太多破坏。木质素除了能抑制癌细胞增殖，还能提高人体巨噬细胞吞食致病菌的作用。丝瓜的食物纤维和黏液，对防治便秘甚有帮助。

丝瓜的热卡含量低，是减肥的良好食物之一，但因其有“滑肠”作用，体虚、大便溏薄者不宜多食。孕妇也须慎食。

微糖微脂 # 黄　瓜

一段时期里，被看作很平常的黄瓜，20 世纪 90 年代以来，因被肯定为很适合糖尿病患者的食物之一，并且对人体具有良好的减肥效果，加上在其他方面的保健作用，所以越来越受到人们的青睐了。

黄瓜为葫芦科一年蔓生植物，品种颇多。通常较多见到的黄瓜品种，原产于印度，后逐渐传播到西南亚、欧洲等地区。黄瓜之传入中国，多认为是在西汉时代，张骞（？—前 114）奉汉武帝之命，率助手与随从等，两度出使“西域”大宛、大夏等地多年，返回时把黄瓜种子带回甘肃、陕西和其他中原地区栽种。后来，随着中国对外海路交通发展，印度原产的黄瓜又经西南亚由海路传到中国南方地区。

“黄瓜”之名，并不是此种瓜最早的汉文名称，它从“西域”传入中国后，起初被称为“胡瓜”，后来改称“黄瓜”。文献上较常见载的说法是，公元319年，中国北方羯（读音jié）族人石勒（274—333）自称赵王，在中国北方一部分地区建立政权（史称后赵），他对人们把羯族称为“羯胡”极为恼怒，下令禁止其统治地区的任何人及事物出现“胡”字。因此“胡瓜”名称也不准用，人们转而根据它老熟时呈现黄色而改称它为“黄瓜”。后来，它又有“王瓜”“青瓜”等别名。

黄瓜从“西域”传入中原的历史过程中，曾有过一些趣闻。其中一度有以黄瓜命名的县城，据北齐历史学家魏收（506—572）编撰的《魏书》记述：北魏太平真君八年（447）置黄瓜县。有学者考证，上述黄瓜县的故城，相当于现今甘肃天水市西南五十华里地区。5世纪北魏时，“黄瓜县”名称的出现，很可能是彼时该地方栽种黄瓜特别驰名的缘故。但在北周兴起（557）不久，“黄瓜县”之名称被废除。

黄瓜被引种到中国后，颇长一段时期属于稀罕之物。由于栽种在自然环境中的黄瓜，成熟结果通常为每年七八月间，皇帝、皇后等养尊处优者，往往急于享用此美食，对此，中国古代有采用温室栽培黄瓜的办法。唐代诗人王建《宫前早春》诗句：“酒幔高楼一百家，宫前杨柳寺前花，内园分得温汤水，二月中旬已进瓜。”反映了新春期间供应宫廷皇室瓜类美食的情况。据说，诗中所说的瓜是指黄瓜，明代书画家、进士王世懋（1536—1588）《学圃杂蔬》写到的“王瓜”可供佐证：“王瓜，出燕京者最佳。其地人种之火室中，逼生花、叶，二月初，即结小实，中宫取以上供。”

中国古人食用黄瓜，发现它有清热、解渴、利尿、通便、排毒、缓解咽喉肿痛等作用。另外，对皮肤未破损的烫伤，可用生黄瓜切片外敷局部治疗。

现代科研报道，黄瓜因品种不同，所含成分也略有差异，不过，它们均富含丙醇二酸，具有抑制碳水化合物转化为脂肪的作用，有助防止人体肥胖和减肥。黄瓜虽含葡萄糖、甘露糖、木糖、果糖等，但含量低，基本上不参与代谢，所以很适合糖尿病患者食用。黄瓜的上述特点，加之它的钠含量低，所以也是高血压、高血脂、冠心病患者的良好食物。黄瓜的纤维素，能促进肠蠕动和通便，既防治便秘，又帮助排出体内有害物质。

黄瓜皮和嫩籽含多量维生素C和E，对维护人体细胞与组织的生机、延缓衰老，都有助益。人的面部或肌肤，每天用新鲜黄瓜汁涂抹，或者用捣碎的黄瓜泥涂敷，二三十分钟后洗净，实行一段时日，将能使面部、肌肤柔嫩润泽，减少皱纹。

此外，黄瓜还含有蛋白质、胡萝卜素、尼克酸、维生素（B_1、B_2、B_{12}）、钾、钙、磷、镁、铁、锌、锰、硒等，对人体诸多方面具有保健作用，如防治牙周病、减少脱发、防止指甲裂开等。

众所周知，黄瓜可生吃熟食，但为避免其维生素C等损失太多，烹饪黄瓜不可长时间加热。烹饪黄瓜时，若加少量醋，将能减少维生素C损失。如把黄瓜做成酸黄瓜，也能使维生素C得到较好的保存。

中医学认为，黄瓜属“凉性”食物，故胃肠虚弱、大便溏薄者不宜多食。

洁白如酥　白萝卜

古代汉语中有“三白”一词，含义之一是指白萝卜、盐和米饭，因三者都是白色。唐代杨晔《膳夫经手录》说：“萝卜、贫窭（读音jù，贫寒）之家，与盐、饭皆（偕）行，号三白。”宋代朱弁《曲洧旧闻》记述：苏东坡有一天对担任过进士考官的刘贡夫谈及，自己和弟弟年轻时，在准备考科举学习功课期间，常以“三白”果腹，“食之甚美，不复信世间有八珍也”。刘贡夫听到苏东坡所言，即问“三白”指何物。苏回答：“一撮盐、一碟萝卜、一碗饭，乃三白也。”可见中国古代，白萝卜常是贫困者下饭之菜。

白萝卜是十字花科一年或二年生草本植物，原生于中国，中国古人栽种白萝卜的历史至少已两千年了，因品种与下种时间之不同，一年四季均有收成，以冬季耐寒者为优。白萝卜的别名颇多，如莱菔、芦菔、萝白、萝北、土酥、秦菘、紫菘、温菘等。元代王桢《农书》解释“土酥”之得名是因白萝卜“洁白如酥也”。明代李时珍说“菘乃菜名，因其耐冬如松、柏也”。

中国古人栽种白萝卜，主要供日常蔬食或和其他食物搭配烹饪菜肴。李时珍高度赞赏白萝卜“根、叶皆可生可熟，可菹可酱，可豉可醋，可糖可腊，可饭，乃蔬中之最有利益者”。中国古人很早就把白萝卜作药用，谚语“秋季萝卜赛人参”，这正是人们认识到白萝卜某些保健功效的反映。其实，它在医疗上还有更广泛的作用。中医学认为，白萝卜生者味辛，药性冷；熟者味甘，药性温平。其功效有：促进食物消化、排除胃肠胀气、消滞通便，化痰止咳、舒咽清音、益五脏、散瘀血、利小便、解醉酒、除腥膻等，常食白萝卜使人皮肤白嫩。生白萝卜还有外治用途：偏头痛患者可用生萝卜汁滴鼻对症治疗（左侧偏头痛，取萝卜汁滴入右鼻腔内；右侧偏头痛，左侧鼻腔内滴入萝卜汁）。人体局部碰伤，皮肤未破者，将生白萝卜捣烂外敷局部，有助消肿减痛。

此外，白萝卜子也具有消食除胀、定喘化痰、利大小便的作用。明代医家韩懋首创并记载于《韩氏医通》的“三子养亲汤”，是用苏子、莱菔子、白芥子三味药组成的名方，适于治疗实证咳嗽多痰与食少难化，其中莱菔子（即白萝卜子）主要发挥消食导滞与行气祛痰的作用。

白萝卜的营养成分虽然多数含量不高，然而却有其特殊之处：所含淀粉酶，能促进食物中的淀粉消化，防治胃肠道食物积滞与胀气；它含有“干扰素诱生剂”，能激发人体正常细胞产生抗御病毒与癌细胞的“干扰素”；所含木质素和辛辣物质，既有助于脂肪代谢，减少脂肪在皮下堆积，又能提升巨噬细胞吞食致病菌的功能，并能分解致癌的亚硝酸胺，减少发生癌肿概率。白萝卜所含上述成分固然很有利于人体保健，但它们却会因高温而受到不同程度损耗，因此烹饪白萝卜的时间不可太长。如若生吃白萝卜或把它做成泡菜吃，它所含上述物质将能发挥更好效用。

值得一提的是，白萝卜不含胆固醇，脂肪含量很低，而钾含量相对较多，是高血脂、高血压、心血管疾病患者及肥胖者的合适食物；它含硒元素较多，所以对防御癌肿也很有裨益。

富胡萝卜素 胡萝卜

汉文“胡”字，有多种含义，其中之一是中国古人对北方、西方的民族和事物的泛称。“胡”，也泛指来自国外者。胡萝卜就是从国外传入中国的一种蔬菜。

胡萝卜为一年生或二年生伞形科植物，原产于地中海沿岸一些地区，古希腊人称它为Carrot，意为橘红色肉质根类蔬菜。随着年代推移，各地区、各国人民互相往来，胡萝卜逐渐被引种到全球广大地区。约在13世纪元代时，胡萝卜由伊朗经“丝绸之路”传入中国，之后许多地方农民陆续引种，依品种和栽种地方的不同，它还有红萝卜、黄萝卜、红芦菔、丁香萝卜等名称。

中国各地农民先后引种胡萝卜，兼作蔬食和家畜饲料，但在起初一段时期，民众食用胡萝卜并不普遍，从元代至清代的医籍，对胡萝卜食疗作用的记述，颇为简略。例如，元代吴瑞撰成于1329年的《日用本草》说："（胡萝卜）宽中、下气，散胃中邪滞。"明代李时珍撰成于1578年的《本草纲目》说："（胡萝卜）元时始自胡地来，气味微似萝卜，故名……主治下气补中，利胸膈肠胃，安五脏，令人健食，有益无损。"1796年刊行的清代黄宫绣《本草求真》记述："胡萝卜……能宽中下气，而使胃肠之邪与之俱去也。"

人类食用胡萝卜的历史虽然很久远，但是对于它在人体内产生重要保健功效的科学认知，主要是在19世纪初以后，各国学者陆续对它进行科学分析与验证之后获得。

胡萝卜含多种成分，其中含量特别丰富、对人体保健功效特别突出者为β－胡萝卜素。1831年，德国化学家瓦肯罗德尔（H.W.F. Wackenroder，1798—1854）从胡萝卜汁中首次分离出橙色脂溶性结晶物质，他称之为"胡萝卜素"（carotene）。后来，学者们实验发现该物质有数种异构体，主要者为α型、β型、γ型，其中β型的活性最高。1919年，瑞士化学家保罗·卡瑞尔（Paul Karrer，1889—1971）经动物实验，确证胡萝卜素在小肠黏膜和肝脏内，通过生化作用能转变成维生素A，因此胡萝卜素又被称为"维生素A原"或"前维生素A"（Previtamin A）。

胡萝卜不仅富含胡萝卜素，还含有蛋白质、脂肪、碳水化合物、果胶、挥发性芳香油、维生素B族、维生素C、叶酸、矿物质、微量元素等。经常适当食用胡萝卜，对人体能产生多方面保健效益，主要是：有效提供转变成维生素A的物质；减少人体细胞遭受自由基损害；维护皮肤细胞和呼吸道上皮细胞生理机能；防治夜盲症和眼球干燥症；减少或延缓白内障发生；保护视力；促进婴幼儿生长发育；降低血脂；减少心血管疾病；防治便秘，减少有毒物质滞留于人体内；提升人体免疫抗病功能；降低癌肿发生概率等。还有，癌瘤患者在接受化疗期间进食胡萝卜，有助减轻化疗产生的恶心、食欲减退、白细胞下降等副作用。

据报道，天然胡萝卜素转变成的维生素A，比人工合成的维生素A，具有很大优越性。后者是化合物质，服入多量后，可能使人产生易激动、食欲减退、视力模糊、皮肤瘙痒、毛发脱落、关节疼痛等不良反应。食用胡萝卜则不会出现上述副作用。

食用胡萝卜固然对人体有诸多保健功效，但不宜连续大量进食，因其中胡萝卜素过量会使人的皮肤出现橘黄色；对妇女则可能妨碍卵巢黄体素合成，导致月经紊乱，甚至不排卵、不孕。停食胡萝卜一段时间后，上述症状将消失。

由于胡萝卜的特性，烹调和食用胡萝卜需注意：因胡萝卜素是脂溶性物质，生吃胡萝卜则不易使其所含胡萝卜素分解出来，所以必须用油炒熟或煮熟之后食用，冀能吸收到更多胡萝卜素；胡萝卜素易氧化，烹调加热胡萝卜过程中，需用锅盖，减少胡萝卜和空气接触，减少胡萝卜素损失；胡萝卜素会被酸醋破坏，所以不宜用大量酸醋烹调胡萝卜；食胡萝卜时，不可同时饮多量酒精（乙醇）浓度高的酒，因酒精和胡萝卜在肝脏内可能产生有害健康的毒素；此外，有个别报道说，胡萝卜不宜和白萝卜同烹饪，认为前者含有抗坏血酸酵素，会破坏后者的维生素C，但一般报道未提及。

刮肠篦　竹　笋

冬季降临，又是冬笋大量上市的时节。笋，实际上是竹的嫩芽，所以，笋又被称为竹芽、竹牙。唐代诗人张籍的《春日行》写有："春日融融池上暖，竹牙出土兰心短。"诗句中的"竹牙"即竹笋。此外，笋还有竹萌、竹胎等别名。苏东坡《送笋芍药与公择》中的诗句，就是把竹笋称为竹萌："故人知我意，千里寄竹萌。"

"笋"字出现之前，文献上已有"筍"字，《说文解字》对"筍"字解释为"竹胎也"。"筍"字是中国古人依据其生长特性所造出，它由竹头偏旁和"旬"两大部分构成，前者表示竹，后者表示竹子的根部长出的嫩芽，十天（旬日）内为筍，所以"筍"字的结构里有"旬"字，超过十天之后就成为竹子了。

中国人民食用竹笋，历史久远，早在两千年前《诗经·大雅·韩奕》中，已有“其蔬维何？惟笋即蒲”的诗句。其后，历代赋诗赞咏食笋者不乏其人，唐代白居易《食笋》诗中，写有“紫箨（音 tuò，即笋壳）折故锦，素肌擘新玉”；宋代陆游《江西食笋》诗中，赞赏“色如玉版猫头笋，味抵驼峰牛尾狸”；宋代高僧赞宁还撰写《笋谱》专书，详细叙述竹笋的产地、种类、名称、烹食、民俗及故事等。历史上，竹笋由于价贱而被文人寒士用于佐餐，所以它被称誉为“寒士山珍”。

古人在食用竹笋过程中，逐渐体验到它的性味寒凉，有化解热性痰咳、消减胃胀，以及利尿、通肠、解酒等作用，但它不易消化，且滑利大肠，不宜多食。赞宁《笋谱》记述：竹笋“俗谓之刮肠篦，惟生姜及麻油能杀其毒”，并说：凡食笋者譬如治药，得法则益人，反之则有损。

植物学上，竹类属于多年生的禾本科，多生长于丘陵、旷野，基本上不受污染。竹类一年四季都能生出竹笋，人们通常以采收季节将其分为冬笋、春笋、鞭笋三大类：在冬季从土中掘出的竹芽为冬笋；春季采得的已出土之竹芽为春笋；夏、秋期间竹芽横向生成的新竹鞭的嫩端为鞭笋。上述三者，以冬笋质佳。

据现代科研报道，新鲜嫩竹笋含较多酪氨酸、精氨酸、天门冬氨酸、甜菜碱和嘌呤类等物质，所以味鲜。有些品种的竹笋略带苦涩味，是因酪氨酸衍生的类龙胆酸以及较多量的草酸所致。

竹笋的成分中，营养素虽很平凡，但竹笋低脂、低糖和多量粗纤维，对人体保健却十分有益，它作为人类蔬食之一，不仅不会增加人体的血脂、血糖，还有助于减少对脂肪的吸收，古人称它为“刮肠篦”，可理解为“刮去”了肠道内的油脂。因此，竹笋可作为高血脂、高血压、糖尿病患者的辅助治疗食物，并且又是有益于防治便秘和减肥的食品。

竹笋因含多量草酸，在人体内和钙结合后有可能形成结石，因此用竹笋烹饪菜肴之前，应把它置于沸水中烫焯一刻钟左右，以减少其草酸。竹笋的粗纤维在人体胃肠道内不易消化，所以消化不良及消化功能减退者，其中主要是老年人，不宜多食竹笋。竹笋含有某些致过敏物质，体质过敏者，也应慎食竹笋。

竹笋经加工制成的罐头、笋脯、笋干等，维生素 C 虽受到破坏，但消除了不少草酸和致过敏物质，其不良作用也因之减少了。

抗癌良蔬 芦　笋

汉文“芦笋”之名，在两千年前就出现了，是指中国固有的多年生植物芦苇的嫩芽，又称“芦尖”，因外观似小竹笋，可食，所以称为“芦笋”。唐代张籍诗句：“南塘水深芦笋齐，下田种稻不作畦”（《江村行》）；宋代苏东坡：“溶溶晴港漾春晖，芦笋生时柳絮飞”（《和文与可洋川园池·寒芦港》），两位诗人吟咏的芦笋，都是指芦苇的嫩芽。

清末年间，从外国传入中国的一种多年生宿根植物，因其嫩茎外观似竹笋，所以人们也把它称为芦笋。上述两者其实并非同一种植物，前者为禾本科，后者为百合科。

本文所述之芦笋，是指后者，它原产于地中海沿岸和小亚细亚地区。希腊位于地中海西南岸，是芦笋发源地之一，希腊文称芦笋为 asparagos，意思是嫩枝或发芽笋，可能也是因其外观似竹笋而得名，后来，英文芦笋之名 asparagus，即是由上述希腊之名衍生而来。亚洲有的国家的芦笋因从欧洲传入，所以称之为“欧洲竹笋”。

百合科芦笋，又名石刁柏，据学者考证，地中海沿岸地区人民食用该种芦笋历史久远，三千年前埃及的壁雕里已有反映芦笋的图案，两千多年前，上述地区已有人工栽培芦笋。在古代，叙利亚、希腊、西班牙、罗马等国人民广泛食用芦笋，并且体验到它的某些食疗作用。公元2世纪，出生于小亚细亚，后来对西医学影响颇深的古罗马名医盖仑（C.Galen），推崇芦笋是一种至为有益的蔬菜。但是，芦笋传入法、德、英、美等国之初期，并未引起人们的注意，后来才逐渐受到重视。17世纪时，据说法国国王路易十四（Louis XⅣ，1638—1715）曾下旨，建专门温室栽种芦笋供其食用。

20世纪以来，学者们对芦笋深入研究分析后，对它的成分和作用获得了更多认知。

芦笋含蛋白质、脂肪、碳水化合物、甘露聚糖、胆碱、膳食纤维、维生素（A、B_1、B_2、B_6、B_{12}、C、E、K等）、矿物质（钙、磷、铁、镁、钾、钠、铜、铬、钼、硒等）。对多数人而言，芦笋都是很合适的佳蔬。它含有人体各种必需氨基酸，且其比例较合适，所含矿物质也优于其他蔬菜。

癌肿患者若持之以恒进食适量芦笋，经过一段时日后，多数能获得不同程度的辅助食疗效果。1979 年第 12 期《癌肿信息期刊》（*Cancer News Journal*）刊登的《芦笋之于癌肿》（*Asparagus For Cancer*）一文，特别报道了淋巴腺癌、膀胱癌、肺癌、皮肤癌患者进食芦笋所获得的良效。所以有人称誉芦笋为蔬菜中的“抗癌之星”。

芦笋富含叶酸，有助于预防营养性巨细胞性贫血。怀孕期间的孕妇适量食用芦笋，不仅能预防上述贫血，还有助预防胎儿神经管发育缺陷，降低无脑儿或脊柱裂的发生等。

芦笋是维生素 B_6 的良好来源，该种维生素是组成人体某些辅酶的成分，它参与氨基酸等物质的代谢反应，并且对妊娠呕吐、放射性呕吐等有治疗作用。

芦笋含较多量芦丁（rutin），对提高血管弹性、降低血管脆性，以及心血管保健，都很有裨益。

芦笋含有丰富的天门冬氨酸，颇为有趣的是，英文天门冬氨酸和芦笋取了同一个名词：asparagus。天门冬氨酸一方面帮助人体对矿物质吸收，提高耐疲劳力，另一方面加快神经运动，据学者测定，癫痫患者体内的天门冬氨酸的含量高于正常值，而忧郁症患者的天门冬氨酸含量则低于正常值。

总之，芦笋低脂、低糖、少钠、高营养、多叶酸，富含膳食纤维、多种维生素以及矿物质，不仅是防御癌肿的良蔬，而且对血脂紊乱、高血压、心血管疾病、膀胱炎等，都有良好食疗功效。此外，它还具有助消化、利尿、通便、排毒、消水肿、减肥、美容等多方面作用。

因芦笋可能影响尿酸代谢和有加强胰岛素的作用，痛风和糖尿病患者不宜食芦笋。

物小功大　芝　麻

“捡了芝麻丢了西瓜”，这句中国人很熟悉的谚语，引申为只着眼于无关紧要的小事物，却忽略了重要得多的大事。然而，从人们的日常实际生活和保健医疗角度考察，芝麻的用途却是不少的。

现今通称的芝麻，在古代有数种名称：东汉《神农本草经》称为胡麻、巨胜；唐代孟诜《食疗本草》称为油麻；宋代寇宗奭《本草衍义》称为脂麻，等等。

对于胡麻、巨胜之名，南北朝时期陶弘景较早作了解释，说它“本生大宛，故名胡麻”。并说“纯黑者名巨胜，巨者，大也”。大宛是古代“西域”之一国名，位于中亚细亚费尔干纳盆地。明代李时珍综合前人记述和自己意见，说胡麻是“汉使张骞始自大宛得油麻种来，故名胡麻”，指出“油麻、脂麻谓其多脂油也”。近人李瑶《中国栽培植物发展史》

则载说，脂麻是中国原产植物，原产地为云贵高原一带。但是千百年以来，中国文献上更多见载到的是胡麻。可能是缘于“胡地所出者皆肥大……其色紫黑，取油亦多”（《本草衍义》）。

黑芝麻，中国古人最初是作为谷物之一食用，而在食用历程中，逐渐发现它不仅能充饥，而且还具有某些保健医疗作用。晋代葛洪《抱朴子》载说：“巨胜一名胡麻，饵服之不老。”历代文献载述黑芝麻有多方面保健医疗功效，诸如治虚羸、补五脏、益气力、长肌肉、强脑髓、明耳目、乌须发、生秃发、利大小肠、产妇催乳，等等。把生的黑芝麻研磨成泥状，可用于涂敷外治烫灼伤处与长期不愈合之伤口。

胡麻油又称“芝麻油”“麻油”“香油”，李时珍说“入药以乌麻油为上，白麻油次之”。内服芝麻油能防治便秘，但平时大便溏薄者不宜食用。民间有利用香油医治感冒后咳嗽之办法：一两香油加热之后，打入一个鲜鸡蛋，随后以沸水冲入搅匀，待温热时喝下，早、晚各一次，据说按此法喝二至三天能取得疗效。宋代苏颂《本草图经》介绍：将香油外涂疮肿局部能减轻疮肿疼痛并促进创口愈合。明代孙志宏《简明医彀》记述，对婴儿肛门先天闭锁症的医治，在施行开通肛门的手术后，用绢帛卷成相当于手指粗圆条，将其浸透香油塞于肛门内，这既促进手术伤口愈合，又防止肛门伤口粘连狭窄。就当时历史条件言，此项措施颇具科学性。

据现代科学分析，芝麻种子含油量高达百分之五十以上，含有人体生理上所必需的油酸、亚油酸、维生素E、叶酸、卵磷脂、蛋白质以及多量钙等多种成分。芝麻中富含的维生素E又称生育酚，有益于发育、预防流产、延缓动脉硬化与衰老、防治神经性皮炎等。其所含卵磷脂，对维护脑组织功能、延缓衰老、改善心脏与脑血管功能等，有着重要作用，称得上“物小功大”！

芝麻可制成芝麻酱、芝麻糕、芝麻糊等食品，香油可用于菜肴烹调，人们在日常生活中，适当地食用芝麻与芝麻油，寓保健于饮食之中，其作用并非微不足道也。

落花入地　落花生

“麻屋子，红帐子，里面藏着小白胖子。”这是一则关于花生的民间通俗谜语。花生品种甚多，原产地主要在南美洲安第斯山麓以东、亚马孙河之南部和普拉塔河北部地区。公元16世纪，西班牙、葡萄牙殖民者把秘鲁、巴西等国家的花生良种带到欧洲一些国家栽种，葡萄牙人还把它从巴西传到非洲东海岸。另外，秘鲁、巴西、墨西哥的花生，经太平洋海路被陆续传到吕宋（菲律宾）、爪哇（印度尼西亚），之后，再传入中国东南沿海地区。

花生英文名称Peanut，是由Pea和nut合成，意思是豌豆状坚果。中国古人称花生为“落花生”，据《福清县志》记载：“落花生……出国外，昔年无之，蔓生园中，花谢时，其中心有丝垂入地结实，故名。”花生形成果实的过程确实如此。即：花生的花受精之后，其子房柄逐渐伸长为丝状物，钻入泥土中渐渐发育成为外形像茧的荚果。可见，中国古人给花生取名“落花生”，相当贴切。另据清代檀萃《滇海虞衡志·志果》载述：“落花生为南果中第一……宋元间与棉花、番瓜、红薯之类，粤估从海上诸国得其种归种之。”正因为中国最早的花生种子得之外国，所以中国古人又称它为“番豆”，明清之际科学家方以智（1611—1671）《物理小识》载此名称。此外，花生还有其他别名，清代张璐《本经逢源》称它为“长生果”。

人们的生活体验和学者们的研究证实，花生是很有益于人体健康的食物。花生含卵磷脂、硬脂酸、油酸、棕榈酸、泛酸、生育酚、维生素（A、B、E、K）、多种氨基酸、矿物质（钙、磷、钾、钠、硒等）。《美国临床营养学》杂志报道，优质花生油中，同时含有单元不饱和脂肪酸、白藜芦醇和贝塔（β）谷固醇。单元不饱和脂肪酸能降低血液总胆固醇和低密度脂蛋白胆固醇（有害胆固醇）。白藜芦醇能抑制血小板非正常凝聚，改善人体微循环，有助于预防心肌梗塞和脑血管栓塞。贝塔（β）谷固醇能防治高血脂症，并有抗癌作用。

花生有生食、油炸、炒、炖、煮等吃法，以炖食为佳，不冷不火，易消化吸收，老少咸宜，但食量应适当。

花生作为中药，具调养气血、润肺化痰、和胃生乳等功效。以花生与其他药物或食物同炖煮食，有着不同的治疗作用，据报道：将带衣花生仁、红枣、桂圆肉共煮食，可治疗血小板减少与贫血；花生仁、红枣、蜂蜜共煮食，治疗久咳；花生仁、黄豆、猪蹄共炖食，能治疗产妇乳汁匮乏。米醋浸泡花生仁五天，每晨空腹吃十粒，可辅助治疗高血压。花生衣制剂则有助于改善血友病患者凝血功能。

花生对人体虽有诸多功用，但它对极个别人可能引起过敏反应，英国学者报道，孕妇吃花生有可能导致出生的婴儿以后对花生过敏。皮肤油脂高、有青春痘者暂不宜食花生。特别值得注意的是，发霉的花生，尤其是黄曲霉引起者，有很强致癌性，须销毁之。

延年果 核　桃

以益寿功效著称的核桃，原植物是多年生落叶乔木，对土壤、气候的适应力强，故早已繁衍生长于全球广大地区。1999 年 5 月 25 日“新华社”报道，1998 年冬，辽宁凌海市有人发现了一块核桃化石，据研究者推测约有一亿年历史，表明中国早已有土生土长的野生核桃树。

核桃树的品种很多，古代以波斯（今伊朗）为起源中心的波斯核桃，虽又被称为“普通核桃”，却是很著名的优良品种。随着年代推移，波斯核桃逐渐地被传播引种到地中海沿岸国家，并广及亚洲、欧洲与美洲许多国家和地区。

波斯核桃良种刚传进中国时，被称为“胡桃”，古代文献多认为是经“西域”传入甘肃、陕西地区，然后再引种到中国其他地方。西晋张华《博物志》载说，胡桃是“汉时张骞使西域，始得种还，植于秦中，渐及东土，故名之”。

新种植的核桃，一般为八至十年开始结果，盛果期四十至五十年甚至更久，一株核桃树每年结果据说一百斤左右。

在中国历史上，曾有一些关于核桃的趣闻轶事，例如宋代《太平御览》记载，4世纪时，晋代被皇帝任命为“太傅”的陕西人韩约，曾请求皇帝赐予几颗核桃良种，俾能种植于自己家乡，俟退职后回到家乡安度晚年。此故事反映核桃在当时受到的重视。另有一趣闻，相传历史上有些地区，人们曾把核桃当作货币交换物品。此外，有些地方的民俗中，把核桃视为吉祥象征，用以祝愿新婚夫妻“百年好合”，故核桃又有“合桃”美称。

中国古人很早就体验到核桃对人体有诸多益处。东汉《神农本草经》说胡桃仁主治瘀血，常食“令人好颜色”。唐代《食疗本草》说胡桃肉“通经脉，润血脉，黑须发，常服骨肉细腻光润”。宋代《本草图经》说胡桃肉医治损伤和石淋（泌尿道结石）。明代《本草纲目》称许核桃仁的补气养血、润燥化痰、温肺润肠、治腰痛脚重、消肿毒等功效。宋代《太平惠民和剂局方》推荐的“青娥丸”，是用胡桃肉、补骨脂、杜仲、大蒜加工制成的丸剂，主治腰痛不能俯仰和转身。食梅子之类酸性太重的水果导致牙齿酸软时，宋代（一说五代）《日华子本草》记述，把核桃仁置于口中慢慢细嚼后，即能解除牙齿酸软症状。

核桃肉除了药用，通常可做成各种食品，诸如核桃粥、核桃饼、核桃泥、核桃酪、糖酥核桃仁、核桃芝麻糊，等等，既是美食，又是食疗佳品。

核桃仁含丰富的脂肪油，主要是亚油酸甘油脂和少量亚麻酸与油酸甘油脂，还含有蛋白质、碳水化合物、胡萝卜素、核黄素、维生素 E、纤维素、磷、镁、钙、锰、锌、硒等。现代科学实验证明，常食核桃仁食品，有助于防治高脂血症、动脉硬化症和冠心病，并且能健脑和减缓衰老，延年益寿。清代《花镜》赞誉核桃仁为“万岁子”，确有一定道理。

益寿果 红　枣

在各种干果之中，就其用途广和益处多而言，可以说佼佼者莫过于红枣了。所以，红枣在历史上曾被冠以种种美名，诸如美枣、良枣、大枣、吉祥果、长寿果、生命之果等。

中国人食枣和栽种枣树的历史相当长远，从中国历代文献记载中，都能找到不少佐证。在《诗经·豳风》里，有“八月剥枣，十月获稻”之句，《豳风》是周代豳邑地区的诗歌，该地区相当于现今陕西咸阳市北部一带，这表明至少在三千年前，上述地区的居民，在农历八月、十月，分别有“剥枣”“获稻”的农事活动。《战国策·燕策》记载：“……北有枣栗之利，民虽不由（田）作，枣栗之实，足食于民矣。”说明战国时期，在相当于现今河北北部和辽宁西端一带，枣树和栗树生长茂盛，所结果实竟达到“足食于民”的程度。

枣树对生长环境的适应性很强，在平原、丘陵、旱涝之地都能生长。公元6世纪，北魏时期农学家贾思勰《齐民要术》就曾载说：“旱涝之地，不任耕稼者，历落种枣，则任矣。”

中国地域辽阔，各地所产红枣，品种繁多，各有特色，通常情况，鲜枣甜脆，味美可口。杜甫少年时就曾有在一天内连续上树采食鲜枣的轶事：“忆年十五心尚孩，健如黄犊走复来，庭前八月梨枣熟，一日上树能千回。”（《百忧集行》）

枣子营养价值高，晒干后的红枣，可长期储存备用。中国古代，红枣曾被作为祭祀之用，同时也是小辈侍奉长辈的佳品之一，儿子侍奉父母，媳妇侍奉公公婆婆，都要用红枣，此种礼节见载于《礼记》之中：“子事父母，妇事舅姑，枣、栗、饴、蜜以甘之。”

千百年来，中国有些地方，吃红枣还有一些民俗：人们赠送给即将结婚男女的礼品之中，往往有枣子；新娘进到夫家时，亲友们纷纷对新娘投以枣子；新婚之夜，新郎、新娘同食枣子。这些民俗的含意为：“枣子”“早子”“早生贵子”。

在伊斯兰教中，红枣被视为维持人的生命力之重要食物，因为在伊斯兰教的“斋戒月”里，虔诚的教徒每天在日出之后至日落之前不进食物，所以在日出之前和日落之后，他们都要食枣，为的是防止精神和体力衰竭，预防百病。因此，在伊斯兰教的经典《古兰经》里，枣子被赞为“生命之果”。

枣子的用途广、益处多，更充分体现在它对人体保健和医疗功效，对此，《神农本草经》早就高度评价大枣具有“补少气、少津液、身中不足”，并且能“和百药”“久服轻身延年”。三国时期《吴普本草》称赞大枣“令人好颜色”。其后，历代中医药书籍屡次述及红枣的保健治疗作用，主要者如：医治脾胃虚弱、食欲不振、大便溏薄、心悸乏力等，同时它在补中益气、养血安神、缓和某些峻烈药物的毒性副作用等方面，均有明显功效。

红枣可用于治病和保健，既可单独食用，又可以同其他药物相配伍。对中医方剂学起了奠基作用的《伤寒论》，其第一首方剂“桂枝汤方”，仅由五种药物组成，其中就有大枣十二枚。据有人统计，《伤寒论》记载方剂共一百一十二首，采用红枣配伍者达三十六首，红枣的重要性，由此可见一斑。而历代中医采用红枣与其他药物组成的治疗方剂、各地民间用红枣调配加工成的各种补益疗病食品与美食点心，则更是不计其数。

红枣因产地与品种的不同，还有鲜品与干品之别，其各种成分及其含量也略有出入，但基本情况是含有多量糖分。据说中国北方产枣地区居民认为，一斗红枣不仅相当于两斗食粮，并且还含有大量糖分，因而有“一斗枣，二斗粮，里面还有二斤糖”的谚语。

据研究者分析获知，红枣所含氨基酸、有机酸、类黄酮、纤维素、胡萝卜素、维生素B和C、钙、磷、铁以及若干种微量元素等，对人体很有裨益。有学者实验证实，红枣确有提高人体免疫力之功效，红枣中的三萜类物质，能抑制乙型肝炎病毒和单纯性病毒的活性。红枣中的类黄酮物质，有抗氧化、抗细胞突变作用。红枣和其他某些中药合用，能产生协同作用，提升药物有效成分吸收率，增强疗效。

最后，有两点关于枣树的植物学记载值得一叙：一是枣树木材；二是枣树树龄。

枣树木材坚实细致、纹理美观，适于做工艺品、雕书板、家具、车辆轮轴之用，唐代白居易有赞赏之诗句："君若作大车，轮轴材须此。”（《杏园中枣树》）宋代王安石对枣树也有赞美之言：“在实为美果，论材又良木。”（《赋枣》）

枣树的树龄比较长，一般有百年甚至二百年左右，结枣果的年限也相当长，真可谓长寿树结出长寿果，所以，经常适当地食枣，将能健身益寿，斯言不虚！

得胜果　栗　子

在形形色色的果品之中，栗子虽然“其貌不扬”，但却是香甜味美、补益健身的佳果。

在中华大地，野生栗树出现的历史十分久远，中国古人栽种栗树、用嫁接术改良栗树品种的年代少说也有两千多年了。《诗经·郑风》中，已有“东门之栗，有践家室”的诗句。栗树对土地的适应性强，平原、山坡、丘陵、瘠土、砂地，几乎到处都能生长，并且容易成材结果。

中国古人很早就认识到，栗子是最好的食品之一，《礼记》把栗、枣、饴、蜜，同列为晚辈奉养长辈与老人的重要食物。栗子含有丰富的淀粉和多量糖分，可用以代替粮食度荒年。《史记》载：“秦饥，应侯请发五苑枣、栗。”6世纪时，《名医别录》说栗子“益气，厚肠胃，补肾气，令人耐饥。”宋代陶穀《清异录》曾述及栗子被称为“河东饭”的故事：相传唐末晋王李克用担任河东节度使时（按：其辖地大部分相当于今山西省境内），在一次率军追击汴军途中，军粮一时未能得到补充，民众告知可取当地野生栗子代粮。晋王即命军士速取野栗，蒸熟饱食后，继续奋勇追敌，终于取得最后胜利。事后，晋王之军中官兵称栗子为“河东饭”，而晋王则更欣喜地赞颂栗子为“得胜果”。

食栗能解饥，诗人陆游在《夜食炒栗有感》中写有“齿根浮动叹吾衰，山栗炮燔疗夜饥”诗句，表达了他的实际体验。而李时珍则对栗子给以高度评价，把它和莲子相比美：“（栗）甘仁如老莲肉。”并且说它“熟者可食，干者可脯；丰俭可以济时，疾苦可以备药；辅助粮食，以养民生”。至于人们所熟知的“糖炒栗子”，食后更是齿颊留香。

栗子的疗病功效，中国古代文献有不少记述。《千金翼方》推荐“（栗子）生食，甚治腰脚不遂”，对于小儿脚弱无力者，介绍了“日以生栗与食”治疗方法。根据现代医学知识，生食栗子，其中维生素 B、C 等可以少受破坏，对医治因缺少维生素 B_1 等所引起的腿痛脚软，确实很有裨益。不过，食生栗每次不可过多，否则将招致难以消化。过多食入生的或熟的栗子，还可能引起便秘等不良后果。

自古以来，腰腿疾病是老年人的常见病症，中国古人常食用栗子治疗，有人还以诗记之。宋代文学家苏辙(1039—1112)就曾写《服栗》一诗："老去自添腰脚病，山翁服栗旧传方……入口锵鸣初未熟，低头咀噍不容忙。客来为说晨兴晚，三咽徐收白玉浆。"诗句中的"噍"读音"jiào"，含义为咬嚼；白玉浆指生栗汁。明代诗人吴宽则服用煮栗子粥治疗腰痛病，写了《煮栗粥》诗："腰痛人言食栗强，齿牙谁信栗尤妨。慢熬细切和新米，即是前人栗粥方。"

中国古人还用栗子治疗其他一些疾病，孙思邈盛赞："栗，肾之果也，肾病宜食之。"明代《普济方》记载了栗子医治小儿口疮的疗效：大栗煮熟，日日食之，甚效。

根据现代科学知识，生栗子含碳水化合物、蛋白质、较多量胡萝卜素、维生素（B_1、B_2、C、E、P）、矿物质和微量元素（钙、磷、铁、钾、硒等），以及不饱和脂肪酸等。蒸熟或煮熟的栗子，维生素C有所减少，但较易消化吸收，对人体仍有良好保健作用。

栗子除了果肉有保健医疗功效外，栗壳、栗花、栗树皮也有治病作用。唐代《食疗本草》介绍将栗壳煮汁饮服，可医治反胃消渴；栗树皮煎汤，可用于外洗漆疮（漆过敏）。宋代《太平圣惠方》记载：栗壳烧存性研末，以粥汤饮服医治鼻出血。元代《日用本草》记载，用栗花煎汤内服可医治痢疾、便血。

栗树木质坚实，纹理细直，耐湿抗腐，可供制造轮轴、车辆、船舵等。凡此种种，表明其身价不凡。

“薏苡之谤” 薏苡仁

“薏苡之谤”，是东汉“伏波将军”马援常食薏苡仁健身遭诽谤的典故。马援（前 14—后 49），扶风茂陵人，年轻时曾任王莽“新朝”新城郡大尹（太守）。后依附割据陇西地区、自封“西州上将军”的隗嚣（？—33）。之后，又投效称帝之前的刘秀（前 6—后 57）。公元 25 年，刘秀称帝，史称光武帝，建立东汉王朝，以建武为年号。建武十一年（35），马援被刘秀派往陇西郡任“太守”，建武十七年（41），又被封为“伏波将军”，并受命率军前往交趾镇压征侧、征贰起义。马援在交趾期间，为抵御该地区暑湿瘴气侵袭，常食当地所产薏苡仁，《后汉书·马援传》记载：“初，（马）援在交趾，常饵薏苡实，用能轻身省欲，以胜瘴气。”

交趾地区生长的薏苡仁，种仁颗粒大，质优，马援在交趾时，不仅常食薏苡仁，而且有意把它引种到内地。后来，他奉命率军班师，特选当地薏苡良种，打包装载了一整车运回。

在马援北返内地的过程中，权贵们看到他有一辆车满载着一包包物品，即臆断是他从南方地区搜括并据为己有的奇珍异宝，但碍于马援当时仍然很受汉光武帝器重，故权贵们还不敢贸然向朝廷诬告他。

不久，马援奉命率军进击武陵“五溪蛮”时，病死于军中，有的权贵认为时机已到，急切上书朝廷，诬告马援以前从南方运回整车之物，全为珍珠稀宝。《后汉书·马援传》载说：“南方薏苡实大，援欲以为种，军返，载之一车，时人以为南土珍怪，权贵皆望之。援时方有宠，故莫以闻。及卒后，有上书谮之者，以为前所载返皆明珠文犀。”后来，由此所衍生的“薏苡之谤”“薏苡谤”“薏苡之谗”“薏苡明珠”等词汇，被用于表示某些人、某些事遭诬告蒙冤之意。五代王定保《唐摭言·好及第恶登科》：“……是知瓜李之嫌，薏苡之谤，斯不可忘。”唐代陈子昂《题居延古城赠乔十二知之》：“桂枝芳欲晚，薏苡谤谁明？”杜甫《寄李十二白二十韵》：“稻粱求未足，薏苡谤何频？”清代李渔《玉搔头·拾愁》：“忠能格主，不蒙薏苡之谗；功每先人，曾最麒麟之强。”清代朱彝尊《酬洪昇》：“梧桐夜雨词凄绝，薏苡明珠谤偶然。”这些诗句中，分别引用了上述薏苡组成的词汇。

薏苡仁为一年生或多年生禾本科植物薏苡的种仁，在各地、各种文献中有颇多名称，诸如薏苡、薏米、薏仁、苡仁、苡米、米仁、薏珠子、回回米等。薏苡在中国许多地方都有生长，薏苡仁很早就被中国古人食用和药用。两千年前，中国古人和医家已把薏苡仁用于健脾、利湿、清热、排脓等之医疗。在《神农本草经》中，薏苡仁被列为“上品”药，说它主治筋急、拘挛不可屈伸、风湿痹、下气，久服轻身益气。张仲景把薏苡仁和其他药物配伍成多首方剂，《金匮要略》所载“薏苡附子败酱散”为：薏苡仁、附子、败酱（草）三味药杵为末，水煎饮服，适用于治疗“肠痈”。

汉代以后的中医文献，更屡屡记载薏苡仁之医疗功效，例如：薏苡仁“除筋骨邪气不仁，利肠胃，消水肿，令人能食”（《名医别录》）；“去干湿脚气”（《食疗本草》）；“炊饭作面食，主不饥，温气；煮饮，止消渴”（《本草拾遗》）；“健脾益胃，补肺清热，去风胜湿，炊饭食治冷气，煎饮利小便热淋”（《本草纲目》），等等。

现代科学分析得知，薏苡仁含蛋白质、脂肪、碳水化合物、膳食纤维、维生素（B_1、B_2、E）、尼克酸、矿物质（钾、磷、镁、铁、锰、锌、硒）、薏苡素、薏苡脂、薏苡醇、β-谷甾醇、γ-谷甾醇等成分。

薏苡仁作用缓和，用量需较大并长时间食用，才能取得明显效果。学者们研究报道，常食薏苡仁，将提高人体免疫和防癌功能，使皮肤光泽细腻，防治粉刺、减少老年斑、妊娠斑以及过敏反应等。薏苡仁所含水溶性膳食纤维，能在人体肠道内吸附胆汁中的胆盐，将减少肠道对食物油脂的消化与吸收，也减少胆盐在小肠末端被回收和重复利用，从而促使肝脏释出贮存的胆固醇代谢为胆盐，人体内的胆固醇含量因此得以降低。由于薏苡仁所含成分颇多，有的保健医疗作用机理，还有待人们继续研究获知。总而言之，古往今来，人类食用和药用薏苡仁，强身益体，防疾疗病，功用可谓大矣。

藕断丝连　莲　藕

藕，是莲藕的简称，是莲生长于沼泽池塘泥土里的根茎。由于它横向生长之特点，中国古人把它比拟为耕田农具的“耦”，又因它是草本植物，“耦”字加草头就成为“藕”字了。李时珍在《本草纲目》中写道：“藕善耕泥，故字从耦，耦者耕也。”

中国人食用莲藕，历史久远。藕以质脆嫩、味甘美、色洁白而获得若干美名，诸如玉龙臂、玲珑玉、雪藕等。藕可生吃熟食，可单独食用，更能与其他食物调配烹饪成名目繁多的菜式。中国人民在食用藕的过程中，体验到它兼有营养与药用价值。

食用藕的医疗功效，历代中医药文献多有载述，总体认为：生藕性味甘寒，可生津、止渴、清热、散瘀、止呕、止血、通便、解酒等；熟藕性味甘温，可开胃、滋补、生肌、止泻、固精等。

藕的外治作用，主要有止血、消肿、止痛、愈创等。生藕汁滴入鼻出血者鼻腔内，能对症治疗出血；跌伤肿痛可用生藕捣烂外敷局部消肿止痛；冻伤皲裂，可用蒸熟之藕捣烂外敷局部治疗。

藕的两段相接之处称为“藕节”，作药物之用，通常被炮制为“藕节炭”，功能为止血、散瘀，主要用于咳血、吐血、鼻出血、尿血、便血、血崩等症。藕经加工制成的藕粉，主要有调理胃肠、解暑生津、滋补安神等功效。正因藕在人们生活和医疗上的多方面有益作用，唐代文学家韩愈（763—824）曾在《古意》中以“冷比霜雪甘比蜜，一片入口沉疴愈”之诗句，对藕高度赞颂。

藕的成分因品种不同而不尽一致，据报道，除了总体上含蛋白质、碳水化合物、维生素多种、膳食纤维等之外，其突出点，一是铁的含量很丰富，大有益于防治缺铁性贫血；二是鞣质含量多，有良好的收敛、止血、止泻功效；三是含黏液蛋白和膳食纤维，与人体内胆酸盐及甘油三酯结合后，从肠道排出，从而减少对脂类吸收，有利于血管和心脏保健；四是所含儿茶酚类有助人体提升抗氧化能力，降低血黏度和防止血栓形成，有防癌作用。

藕节含多量鞣质，收敛作用显著。内服藕节炭对溃疡性结肠炎、单纯性腹泻及胃肠道出血症状有治疗作用。藕节炭粉剂外用于皮肤伤口，有助于伤口止血及形成痂膜。藕粉含大量碳水化合物，还有蛋白质、脂肪、鞣质、维生素、铁、磷、钙等，其中碳水化合物在胃肠道易转化为葡萄糖等而被吸收，对胃肠道出血、缺铁性贫血、单纯性腹泻、高血脂、产妇与病后体虚、营养不良等，有辅助食疗功效，老年人长期食用藕粉，对滋补身体很有裨益。

藕不仅兼具食用与药用，还与中华文化有若干联系。成语“藕断丝连”正是因藕的特性而产生，据研究者观察得知，每段藕内，有七条或九条纵向螺旋状导管（中国古人称之为孔窍），藕被不太大外力折断时，其螺旋状导管会出现细丝相连现象，“藕断丝连”即渊源于此，人们因而常以此比喻为某些男女之间表面上似乎断了关系，但实际上情意仍未断。此外，有人还把“藕断丝连”巧妙地和另一成语编成对子：“瓜熟蒂落，藕断丝连”，匹配自然，生动有趣。

“藕”字衍生于“耦”字，据解释“耦”既指两人各持一农具并肩而耕，还指配偶。而“藕”与“偶”同音，所以，有的地方民间的婚姻喜宴，采用藕作菜肴或甜点，寓意为婚姻美满。

藕生长于泥土中，但本质洁白，中国人常以藕“出污泥而不染”形容为人清廉高洁者。明代陈达叟在《本心斋蔬食谱》谈到藕时，曾赋以“中虚七窍，不染一尘，岂但爽口，自可观心”的赞咏诗句。

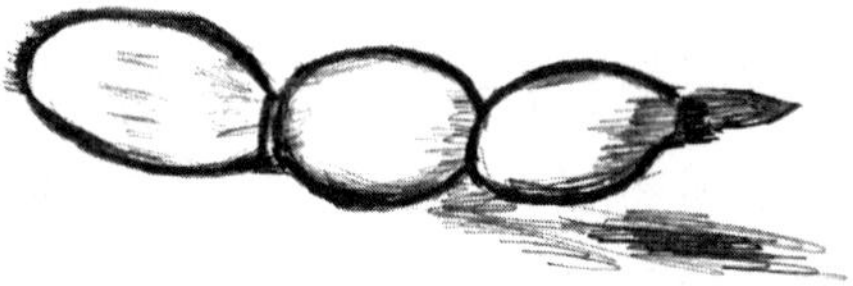

生机绵长　莲　子

秋江岸边莲子多，采莲儿女并船歌。
青房圆实齐戢戢，争前竞折漾微波。
……
（唐·张籍《采莲曲·秋江岸边莲子多》）

莲子——多年水生植物“莲”之果实，是中华大地所固有。在很古老的年代，中国先民就采食莲子了，对此，无论是出土文物还是文献记载中，都能找到有力佐证，前者如：考古人员在河南郑州大河村，一处距今约五六千年前之房基遗址的台面上，发现两颗已碳化的莲子。后者如：两千年前《诗经》吟咏的“山有扶苏，隰有荷华”（《郑风》）“彼泽之陂，有蒲与荷”（《陈风》），诗句中的“荷”，即是“莲”的另一名称。

莲和荷的得名趣闻

“莲”与“荷”的得名，颇为有趣。植物中的极大多数，通常是先开花，后结果实，而“莲”则是在开花的同时，胚珠“莲蓬”即开始出现，明代王象缙《群芳谱》在论述“莲”之时，说“凡物先华（花）而后实，独此（莲）华实齐生”。所谓“华实齐生”，即是说莲花绽开之时，莲的子实也开始生长。而此前，李时珍在《本草纲目》中写道：“莲者连也，花、实相连而出也。”至于“荷”的得名，有一说法认为：莲梗支撑着硕大的叶和花，当果实成熟后，莲梗还要载负沉重的“莲蓬”。支撑和载负，都是“荷重”，因此，“莲”又有“荷”之称。此外，莲子还有莲实、莲肉、莲米、藕实、菂、水芙蓉、水芝丹、泽芝等别名。

莲子的质量，依品种、产地、农艺技术、采收季节等的不同而有差别。就采收季节而言，大致上农历“大暑”前后采收的莲子，称为“伏莲”或“夏莲”，其颗粒大、肉质厚、胀性好、口感酥；“立秋”之后采收的莲子，称为“秋莲”，颗粒小、肉质薄、胀性差、口感硬。

莲子莲芯保健功效

自古以来，中国人民食用莲子过程中，体验到莲肉对人体具有多方面保健医疗作用，中医学总结为：补中、安神、益胃、强筋、利耳目、固精、止泻、止带下等，可用于体虚、失眠、腰酸、遗精、尿频、白带多、溏泄、久泻等的辅助治疗，对延缓衰老、美容、预防流产及早产有助益。莲心（莲肉中央的青绿色胚芽），又名莲薏、苦薏、薏，具有清热、安神、强心、固精等功效。由于莲肉干涩，莲心苦寒，中医学认为消化不良、胃肠胀满或大便燥结者，暂不宜食莲子；大便溏泄者、经期与孕产期妇女、体质虚寒者，都暂不宜食莲心，体健者也不可长期食莲心。

中国人民不仅将莲子与其他药物配伍治病，更在日常生活中，用莲子做成莲子汤、莲子羹、莲子糕、莲子酥、莲蓉、冰糖莲子、莲子罐头等，还把莲子和其他食物炖煮成莲子红枣汤、莲子银耳汤、八宝粥、八宝饭等，这些食品中的莲子，也能或多或少产生保健作用。

莲子莲芯营养成分

根据现代科研者报道，莲肉含蛋白质、碳水化合物、多种维生素、多种矿物质和微量元素（磷、钾、镁以及锰含量较高），还有荷叶碱、油酸、亚油酸、木犀草苷、槲皮素、氧黄心树宁碱(Oxoushinsunine)等; 莲心含莲心碱、荷叶碱、木犀草苷、芸香苷等。荷叶碱能降血脂和抑制自由基，有助防治高胆固醇血症和动脉硬化; 油酸和亚油酸是良好的不饱和脂肪酸，被称为“安全脂肪酸”，能降低血液中总胆固醇和“坏胆固醇”量，却不降低“好胆固醇”含量，有利维护血管弹性、促进微循环，并能减少高血脂、高血压、动脉硬化、心肌梗死等的发病率; 木犀草苷有助维护血管弹性和降低胆固醇，减少发生动脉硬化; 槲皮素能降低毛细血管脆性、增加冠状动脉血流量、降血脂、降血压、祛痰、止咳等; 氧黄心树宁碱能抑制鼻咽癌; 莲心碱有强心、抗心律失常、降血压、抑制血小板凝集等作用; 芸香苷又名芦丁（Rutin），具有增强血管弹性和减少血管脆性作用: 有利于防治高血压、脑血管出血、视网膜出血和血管性紫癜等。

莲肉和莲心对人体的多方面保健医疗功效，正是上述主要成分和其他成分的综合作用，而莲子所具有的绵长生机之突出特质，可能也是它产生保健医疗的重要因素。

千年莲子绵长生机

对于莲子所蕴藏的勃勃生机，明代谢肇淛在《五杂俎》中写道："今赵州宁晋县（即今河北省境内）有石莲子，皆埋土中，不知年代，居民掘土，往往得之数斛者，其状如铁石，而肉芳香不枯，投水中即生莲叶……"

被埋于土中的中国古莲子，不只是赵州宁晋县一处。据载，20世纪初，人们在中国辽东半岛新金县普兰店东郊发现了多量古莲子，1918年初夏，孙中山先生东渡日本，带了中国出土的古莲子四颗，作为礼品之一赠送给日本友人田中隆，对他支持中国民主革命藉表感谢之意。之后，田中隆请日本古生物学家大贺一郎对中国四颗古莲子进行研究。大贺一郎对之进行测定，认为四颗古莲子约有千年之久。并且，对它们精心培育，竟萌芽生长出新株。后来，中、日、美、俄等国人士和中国农民，陆续在普兰店及中国多处地方挖掘到古莲子，经培育研究，有不少也萌发了新株，充分确证了古莲子的绵长生机。

莲子莲芯民俗逸事

颇为有趣者，莲子以它所具有之特点，自古以来与中华文化产生了不少关联。

众多莲子在生长过程中，被包裹在莲蓬之中，“籽满莲蓬”正是对它的生动形容，因而在中国有些地方的民俗中，有以莲子作为贺礼之一，赠送给新婚喜庆的家庭，寓意为“多子多福”“子孙满堂”。

莲心味苦，中国人民把它用于启迪和劝谕人们的为人处世。唐代诗人李群玉的诗作：“寄语双莲子，须知用意深。莫嫌一点苦，便拟弃莲心。”（《寄人·寄语双莲子》）此诗从字面上很容易理解：劝导人们应吃得起苦。但是，因“莲”与“怜”同音，“怜”字既有“怜悯”“怜惜”“怜顾”等含义，也有“喜爱”“疼爱”“爱慕”等意思，并可引申为爱情、恩情、情谊、思念等。李群玉上述诗句中的“莲心”，谐音“怜心”的含义是前者，其深层意涵是：劝谕人们不要把对他人的怜悯心抛弃了。再者，“莲子”谐音“怜子”。“子”的含义甚多，“儿女”“男子”“你”和“您”，是其含义的数种，因此，与“怜子”谐音的“莲子”，曾被用于隐喻爱情，南朝“乐府”《西州曲》即是历来常被不少人士提及的实例：“……采莲南塘秋，莲花过人头。低头弄莲子，莲子清如水。置莲怀袖中，莲心彻底红。忆郎郎不至，仰首望飞鸿……”

莲子验估盐汁浓度

此外，很值得一叙者，在中国历史上，莲子曾对熬制食盐及其产品之检验起了一定作用。中国古代制盐，为取得效益，须先观察莲子在卤液中呈现的上浮或下沉状况，借以测估卤液中的盐分大致浓度，然后再决定该卤液是否值得用于熬制食盐。对于莲子在不同液体中的沉浮状况，唐代文学家段成式在《酉阳杂俎》写道：“（石）莲入水必沉，唯煎盐成卤能浮之。”石莲是经霜之后的颜色暗沉、质地坚实的莲子，投入比重小于莲子的普通水中，必然下沉，只有在含盐分浓度高的卤液中会上浮。

最早具体记载用莲子测估卤液盐分大致浓度的文献，是编撰、成书于北宋太平兴国年间（976—983）的《太平寰宇记》，作者为文学家、地理学家乐史（930—1107），他在书中写道："取石莲十枚，尝其厚薄，全浮者全收盐，半浮者半收盐，三莲以下浮者，则卤未甚。"也就是说，浸入卤液中的十颗莲子，上浮的若不到三颗，那么此卤液浓度低，是不值得用于熬制食盐了。

在宋代，取莲子测估卤液大致浓度，还被用于检查盐商出售食盐之质量，宋代历史学家姚宽（号西溪，1105—1162），一度被任命担任产盐地区台州（辖境为现今浙江镇海、宁海等地）的主管官员，为杜绝盐商熬制出售质劣之食盐，他也采用"莲子试卤法"，见载于他撰著的《西溪丛语》："予监台州杜渎盐场日，以莲子试卤，择莲子重者（五颗）用之。卤浮三莲、四莲，味重；五莲尤重。莲子取其浮而直，若二莲直，或一直一横，即味差薄。若卤更薄，则莲沉于底而煎盐不成。"从上述记载看，姚宽用五颗莲子测估卤液的盐分浓度，分为四个等级：五颗莲子全部竖直浮于卤液上面，表示盐分浓度最高；三颗或四颗莲子浮于卤液上面，表示浓度次高；两颗竖直浮于卤液上面，或者一颗竖直、一颗横向浮于卤液上面，表示浓度稀；全部莲子沉于卤液底部，表示浓度更稀薄，不能用于熬制食盐。

宋代创用莲子测估卤液盐分浓度的办法，后世沿用的九百年里，具体做法虽然有所不同，但基本原理相同，该法以今日之科学知识与技术衡量，当然显得很粗浅而不精密，但以宋代当时的科技条件而言，是一项具有实用价值而应予肯定的发明，无疑有其重要历史意义。

补肾明目　枸杞子

枸杞之于人类，贡献良多，既是食物，又是药物，对人体兼有营养补益和保健疗病功效，是一物多用之佼佼者。

土生土长于华夏大地的枸杞，是古老的茄科落叶灌木，两千年前的《诗经》已有“涉彼北山，言采其杞”诗句，表明中国人民采食枸杞历史久远。

据明代《本草纲目》记述，枸杞之名，是采用枸树和杞树两者名称结合而成，因枸杞的叶腋处通常有短棘，细枝上有棱条，李时珍说:“此物（枸杞树）棘如枸之刺，茎如杞之条，故兼名之。”可见，枸杞之得名，其来有自。

枸杞树的根、茎、叶、花、果，各有其特征和多种保健医疗作用，所以它们的名称特别繁多，约略统计至少五十种，诸如枸、枸棘、枸茄、苦杞、仙人杖、西王母杖等。但是，枸杞的果实“枸杞子”，因保健功效更广泛、更显著，故尤其备受人们青睐，其别名不仅有枸起子、杞子、甜菜子等，还被冠以若干奇特之名称，例如血枸子、枸红豆、红眼子、红宝、天精、地仙、却老等。新鲜枸杞子，外观椭圆玲珑，红艳晶莹，宛如挂于耳垂的玛瑙饰物，故有“红耳坠”美名。中医学认为，长期内服适量枸杞子，能滋肾、润肺、补肝、明目、益精、养颜、耐老、强筋骨，有助于治疗腰膝酸软、体弱、头晕、遗精、咳嗽、目眩等。由于枸杞子的“明目”效用突出，所以它又有“明眼子”雅号。

枸杞根，又名杞根、地骨、地骨皮、红耳坠根等，中药学以之煎汤内服，能清热、止血，有治疗虚劳、潮热盗汗、鼻出血、疮肿等作用。

枸杞叶，别名有地仙苗、枸杞尖、枸杞头、天精草、甜菜等，中国古人以之作蔬菜或食疗。南宋进士、诗人赵蕃（1143—1229）写有摘取枸杞叶煮羹的诗句：“谁道春风未发生，杞苗试摘已堪羹。”（《食枸杞》）中药学认为，食枸杞叶有补虚益精、清热、止渴、明目等作用，以之和羊肉煮羹食用，更增加补益功效。有人介绍取新鲜枸杞叶煎汤，作为辅助治疗，用于熏洗痔疮。

此外，取枸杞树不同部分能加工成数种饮食品：枸杞叶用水煮成的枸杞茶；枸杞子与米共煮的枸杞粥；枸杞子置于酒中浸泡成的枸杞酒；枸杞茎、叶或根或实，用水煎熬的“枸杞煎”等，分别能对人体产生不同程度的保健作用。蜜蜂采集枸杞花蜜酿成的枸杞蜜，既有蜂蜜通常的营养保健价值，又有枸杞滋补肝肾、益精、明目、润肺止咳、养颜美容等功效。北宋诗人苏东坡在《小圃五咏·枸杞》里所写“根茎与花实，收拾无弃物；大将玄吾鬓，小则饷我客”之诗句，“玄吾鬓”指食用枸杞之后，鬓发也变乌黑了。“饷我客”指馈赠我的客人。这正是他深有所感的反映。

根据现代科学知识，枸杞子、树根与叶的成分有差别，并且依其产地与品种之不同而不尽相同，一般而言，质优之枸杞子含较多量枸杞多糖、甜菜碱、胡萝卜素、维生素C、亚油酸、玉蜀黍黄素、酸浆果红素、环肽、多种氨基酸、多种矿物质及硒等微量元素。枸杞根皮含桂皮酸、酚类物质、亚油酸等。枸杞叶含甜菜碱、芸香苷、维生素C、多种氨基酸。研究者虽已分析出枸杞各部分所含主要成分，但似乎还不能完全解释枸杞对人体的多方面保健功效，尤其是枸杞子参与配伍的中药方剂中，它在其中所产生的微妙作用，有不少尚未被完全科学阐明。

根据报道，就总体而言，枸杞子具有提升人体白细胞活性及免疫作用；促进肝细胞新生，防治脂肪肝及肝损害；

促进造血作用，提升体能；抑制血栓形成；抑制胆固醇吸收，减少动脉粥样硬化；具有抗氧化作用，延缓衰老；防御细胞变异，减少癌肿发生；保护生殖系统功能；提高抗御疲劳效能；防御辐射损害；抑制血管紧张素转换酶活性，从而降低血压；健脑、安眠、改善视力等。

为取得较明显的保健效果，枸杞子需适量而长期食用，通常每日二十到三十克为宜。茶叶之类含鞣质较多的食物，不要与枸杞子共煮，以免枸杞中的矿物质被结合成难以被吸收的物质。

延年却老 茯苓

同为北宋文学家的苏轼（1037—1101）与苏辙（1039—1112），是在同一次科举考试里，同时考中进士的一对亲兄弟，嘉祐二年（1057）他俩双双登进士第之时，年龄分别为二十岁和十八岁，这种情况，在历史上并不多见。

或许是由于体质因素，以及少年、青年时期为准备考科举的苦读，苏辙虽然学业优异，健康状况却欠佳。后来，他在治病、养生过程中，对茯苓的保健功效，深信不疑，并且特地写了《服茯苓赋》，他在序言中写道："余少而多病，夏则脾不胜食，秋则肺不胜寒"，"平居服药，殆不复能愈。"他在三十二岁到宛丘（今河南淮阳）任州学教授时，学习了"道士服气法"，施行一年之后，"脾不胜食"和"肺不胜寒"均告痊愈，从此开始重视养生。因囿于"金丹不可得"，于是"试求之草木之类"，他思及"寒暑不能移，岁月不能败，惟松柏为然”。并且根据古书所说：松脂流入地下为茯苓，茯苓又千岁则为琥珀，虽非金石，而其能自完也亦久矣。相信茯苓是“可以固形养气延年而却老”的佳品。因此，他在服用此药物之后，写下了《服茯苓赋》：“春而荣，夏而茂，憔悴乎风霜之前，摧折乎冰雪之后。阅寒暑以同化，委粪壤而兼朽。滋固百草之微细，与众木之凡陋……若夫南涧之松，拔地千尺，皮厚犀兕，根坚铁石，须发不改，苍然独立，流膏脂于黄泉，乘阴阳而固结……故能安魂魄而定心志，却五味与谷粒。追赤松而上古，以百岁为一息……”以上虽只是《服茯苓赋》一部分引文，但已可看出苏辙对茯苓高度赞赏之情。

颇为有趣者，苏辙之兄苏轼，同样也深信茯苓对人体补益之功，特把它和芝麻一道做成养生佳品常食，写道：“以九蒸胡麻，用去皮茯苓少入白蜜为饼食之，日久气力不衰，百病自去，此乃长生要诀。”

茯苓又名茯灵、伏苓、茯菟、云苓、松腴、松薯等。茯苓中间天然抱有松根者为茯神。早在两千多年前，西汉刘安《淮南子·说山训》载述：“千年之松，下有茯苓。”

对于茯苓的药性、保健治病功效及服用宜忌，历代医家、医籍多有论述，诸如，东汉时《神农本草经》记述“（茯苓）

主胸胁逆气，忧恚惊邪恐悸，心下结痛，寒热烦满，咳逆，口焦舌干，利小便。久服安魂养神，不饥延年。”南北朝时期医家陶弘景说：茯苓，白色者补，赤色者利。宋代日华子认为，茯苓能补五劳七伤，安胎，暖腰膝，止健忘。寇宗奭说：茯苓，茯神行水之功多，益心脾不可缺也。金元时期张元素总括茯苓功效：“其用有五：利小便也，开腠理也，生津液也，除虚热也，止泻也。”但认为：小便利而数者，多服则损人目；汗多人服之，亦损元气。明代焦竑说：茯苓久服之，颜色悦泽，能灭瘢痕。

归纳古代中医和医籍对茯苓功效之论述，主要为渗湿利水，和胃益脾，宁心安神，助小便通利，逐水肿胀满，治疗咳逆，呕哕，食少泄泻，遗精，惊悸，健忘，失眠等。

茯苓既可单独做药用，更能与其他药物配伍成为多种治疗用途的方剂，有的方剂清楚标明茯苓之名，如见载的名方即有茯苓丸、茯苓汤、茯苓散、茯苓丹、茯苓饮子、茯苓四逆汤、茯苓六合汤、茯苓补心汤、茯苓渗湿汤、茯苓导水汤、茯苓佐经汤、茯苓甘草汤、茯苓泽泻汤、茯苓桂枝甘草大枣汤，等等。

有的方剂名称，虽然未显示茯苓之名，但茯苓参与配伍，诸如：《伤寒论》里的五苓散、真武汤；《金匮要略》里的肾气丸、酸枣仁汤；《太平惠民和剂局方》中的四君子汤、十全大补汤、逍遥散、五皮散、茯苓丸；《小儿药证直诀》中的六味地黄丸、异功散；《济生方》中的导痰汤；《仁斋直指方论》中的玉泉丸；《丹溪心法》里的保和丸、八珍汤；《外科正宗》里的托里消毒散；《医学心悟》里的安神定志丸，等等。上述方剂之组成及其功效，中医界里众所熟知，毋庸多叙，本文略予举例，主要是借以表明在众多的方剂中，茯苓被采用的频率之高，治疗用途之广。

很值得一叙的是，历来中国人民的日常生活中，茯苓常被作为一种良好的补益食物长期食用，人们或将茯苓研末制成糕点，或与米合煮成茯苓粥，或与粮食酿制成为茯苓酒等。历史上，有些文人对茯苓的补益作用还写诗作赋予以赞颂，例如：唐代贾岛《赠牛山人》诗“二十年中饵茯苓，致书半是老君经”；《赠丘先生》诗“常言吃药全胜饭，华岳松边采茯神”；宋代黄庭坚《鹧鸪天》词“汤泛冰瓷一坐春，长松林下得灵根，吉祥老子亲拈出，个个教成百岁人”；清代李汝珍《镜花缘》则有“丸茯苓而霞迈，服胡麻而云骞”之句（《天女散花赋》）。

茯苓的疗病保健作用受到高度重视，还可以从清宫医案找到实证。有人根据医案资料统计，慈禧内服的十三个长寿、补益方剂里，配伍的药物共有六十四种，其中，采用茯苓的频率最高，达到百分之七十八。据载，光绪六年（1881）慈禧四十六岁时，因发生“少食不饮，恶心便溏”，众御医会诊后，建议服明代医家陈实功创制的“八仙糕”，此糕是采用茯苓等五种药物及糯米，粳米，白糖和蜜制成，陈实功介绍说：“但遇知觉饥时，随用数条甚便，服至百日，轻身耐老，壮助元阳，培养脾胃，妙难尽述。”慈禧服“八仙糕”数日后，食欲改善，恶心便溏停止，精神转佳。她从此以迄晚年二十余年里，一直以此糕为常食。

由于茯苓为养生保健佳品，从古代起就发生过不法商贩以赝品充真的骗钱劣行。唐代文学家柳宗元有一次买了茯神，带回家之后，发现是假药，深为怅然地写下了《辨茯神文并序》，其中写道：“呜呼！物固多伪兮，知者盖寡；考之不良兮，求福得祸！”自唐代自今已一千多年了，市面上的假货、假药并未绝迹，因此，当年柳宗元买回假茯神的感慨之言，对当今购买茯苓、茯神以及其他保健品者，是很好的提醒。

关于茯苓的植物学知识及其所含成分等，早在19世纪末、20世纪初，学者们便对其进行科学研究。有些学者采用近代科学技术与方法，对茯苓进行实验和分析后，取得了一些成果。1909 年，中国学者王焕文在日本《药学杂志》发表了《关于茯苓的成分》一文，这是中国近代学者有关中药成分的最早一篇科研论文。

据现代科学研究者报道，茯苓为多孔菌科植物。茯苓的菌核，所含成分主要为茯苓多糖、茯苓酸、以及甾醇、卵磷脂、腺嘌呤、胆碱、葡萄糖、蛋白质、脂肪、组氨酸、蛋白酶、脂肪酶、树胶等。动物实验发现，茯苓多糖能显著降低动物体内自由基水平，提高动物体内自由基清除酶的活性，增强动物耐寒、耐疲劳能力，从而表明茯苓多糖具有较好延缓衰老的作用。茯苓多糖对动物实验性肿瘤具有抗御作用，它能减轻化疗的毒副作用并提高化疗和药疗效能。茯苓多糖对四氯化碳引起的肝损害有防治作用，它能改善肾小球的损伤，降低蛋白尿。茯苓多糖还能提高巨噬细胞功能，提升免疫力。此外，茯苓所含各种成分能产生相应作用，如卵磷脂延缓衰老功能，等等。随着有关学者对茯苓进行深入的科学研究，它的疗病保健功效，将会得到更全面的阐明。

先百果含荣　樱　桃

自然界生长的诸多水果之中，樱桃是领先于百果而成熟的一种，梁朝梁武帝第三个儿子萧纲（503—551），善于写景咏物，他在《樱桃赋》里，就写有“唯樱桃之为树，先百果而含荣”之句。

华夏大地是中国樱桃的故乡，1965 年，中国考古工作者在湖北省江陵县的一处战国时代古墓中，发掘出樱桃种子。战国时代为公元前 475 至公元前 221 年，距今至少也有二千二百年了。1973 年，中国考古工作者又在河北省藁城县台西村一处商代古墓中，发掘到两颗毛樱桃种子，据说其年代约为公元前 16 世纪至公元前 11 世纪。上述考古发现，均表明中国古人食用樱桃有着长远历史。

历史上，樱桃的名称不止一种，两千年前《尔雅》书中，载有“楔”（读音 xiē）和“荆桃”，晋代文学家、训诂学家郭璞（276—324）注释说，两者均指樱桃。中国古人观察到，莺鸟喜含食樱桃，故樱桃又称为莺桃、含桃，战国时代末，《吕氏春秋》记载：（樱桃）为莺鸟所含，故曰含桃。此外，宋代科学家苏颂（1020—1101）在《本草图经》载说：樱桃深红色者为朱樱；宋代药物学家寇宗奭《本草衍义》记载：樱桃熟时正紫色者为紫樱。

樱桃的“樱”字，何以有“婴”字组成？这从明代李时珍所说的一句话可以推知。他说：樱桃“其颗如璎珠，故谓之樱。”可见，樱桃的“樱”字，是衍生于“璎珠”的“璎”字，因为樱桃是木本，故以“木”字偏旁取代“璎”字的“玉”字偏旁而成为“樱”。

正因樱桃果实“先百果而含荣”，故古人多贵之，它很早就被选为祭祀的供品。两千多年前，《礼记·月令》记载：仲夏之月（即农历五月），“天子……以含桃先荐寝庙”。此引文中的“荐”字，解释为进献：“寝庙”，泛指宗庙。对此，宋代女诗人朱淑真写有选用樱桃先祭祀宗庙的诗句：“为花结实自殊常，摘下盘中颗颗香。味重不容轻众口，独于寝庙荐先尝。”（《樱桃》）

除此之外，中国人民写作了不少咏赞樱桃的诗词。其中，唐代诗人白居易（772—846）的《樱桃歌》里，写有“荧惑晶华赤，醍醐气味真。如珠未穿孔，似火不烧人。”和“琼液酸甜足，金丸大小匀。”虽仅引了几句诗，已能体现其真切生动之美，若朗读全诗，无疑会更令人感受到樱桃的形、色、味三者之美。

中国历史上，樱桃曾衍生了颇为有趣的词汇，例如：唐代僖宗年间（873—888），出现了所谓“樱桃宴”，是指有的考科举进士及第人家，为表示庆贺而举办的喜宴。后来，有些文人聚会雅叙，也称之为“樱桃宴”。又如：由于樱桃形色美观，中国古人为形容女子小而红润之美唇，创造了别有风趣的“樱桃嘴”及“樱唇”等华丽词汇。

樱桃主要供人们作水果食用，但也有一些医疗功效。南北朝时期，《名医别录》说，食樱桃“调中、益脾气、令人好颜色”。中国古人还有将樱桃叶、樱桃核煎汤，内服治疗麻疹透发不畅。

根据现代科学知识，樱桃含碳水化合物、蛋白质、胡萝卜素、维生素（C、B_1、B_2、E、K、P）、矿物质（钙、磷、钾、钠、铁、镁、锌等），还有纤维素、植物固醇、微量元素硒等。樱桃的铁含量较多，对缺铁性贫血有食疗辅助作用。它的钾含量也较高，孕妇、产妇、肾病患者慎食樱桃。20 世纪 90 年代以来，有学者研究认为，樱桃的植物固醇含量较多，常食樱桃有助于减少肠道对不良胆固醇吸收，并且能减轻风湿性关节炎和痛风患处的肿胀与疼痛。

对于樱桃，还有值得一叙的是，中国樱桃的品种之中，尚有专供观赏者，据说，日本樱花即是引进的中国樱桃的某些亚种，经过长期人工选择培养出的观赏品种，这成为中日人民交往的历史佳话。

因猕猴得名　猕猴桃

水果之中，近年来俨然有“后来居上”态势的“奇异果”，实际上并不是人类新发现的水果，其“远祖”即是很古老的野生藤本植物猕猴桃。猕猴桃的发源地主要在中国，据植物学者调查，在中国有三十多个品种，可作水果食用之品种主要是软毛猕猴桃，又名中华猕猴桃。

在中国现存古代文献中，唐代文学家段成式（？—863）撰于9世纪中的《酉阳杂俎》较早记载了猕猴桃，说它又名猴骚子，蔓生，子（果实）如鸡卵，既甘且凉，轻身潇洒。11世纪末，宋代唐慎微《经史证类备急本草》载说，猕猴桃一名藤梨，一名木子，一名猕猴梨，生山谷，藤生著树，叶圆有毛，其果形似鸭卵大，其皮褐色，经霜始甘美可食。枝叶杀虫。公元1116年，宋代寇宗奭《本草衍义》载：“（猕猴桃）……枝条柔弱，高二三丈，多附木而生，其子（果实）

十月烂熟，色淡绿，生则极酸。子（果实中的种子） 繁细，其色如芥子。浅山傍道则有存者，深山则多为猴所食矣。”16世纪，明代李时珍《本草纲目》归纳前人记述，解释猕猴桃是因“猕猴喜食，故有诸名”。

自20世纪70年代以来，猕猴桃往往又被称为“奇异果”，这是人们根据其英文名称Kiwifruit的Kiwi之读音和fruit之含意合译成的中文名。而Kiwifruit这个英文名词的产生，还有它值得一叙的轶事。

据说1906年，在中国传教的新西兰传教士回国时，把中国猕猴桃种子带到新西兰交给农民栽培，至1910年结出了第一批果实。但是，新西兰人对这种第一次看到的陌生水果，起初不知它的正式名称是什么，一时之间把猕猴桃的果实称为Kiwi。其实，Kiwi本已有所指，它是新西兰毛利（Maori）语对该国一种特有鸟的称呼。Kiwi鸟不会飞，形体大小相当于普通鸡，所生的蛋几乎和鸭蛋一样大小，该种鸟的体表有淡褐色茸茸细毛。新西兰人最初大概是根据猕猴桃果实的大小和Kiwi鸟蛋差不多，猕猴桃果皮颜色褐绿，以及果皮上生长着茸茸细毛这些特征，把它同Kiwi鸟相比拟，因而称它为Kiwi。实际上，猕猴桃和Kiwi鸟，两者风马牛不相及，完全不是一码事。后来，有些人士认为把截然不同的动物和植物合用一名很不恰当，提出应在 Kiwi 后面加上 fruit（水果）而成为 Kiwifruit。

20 世纪初至 30 年代间，中华猕猴桃还先后被美、英、俄、法、意、印度、比利时、智利等国家引种，并被称为“中国鹅莓”（Chinese gooseberry）等名称。但是，新西兰引种的猕猴桃，由于陆续改良品种和自然环境等有利因素，使生产的猕猴桃，品味大为提高，产量显著增加，从 20 世纪 60 年代起，新西兰已成为国际市场上猕猴桃主要生产国，至 1974 年，新西兰的猕猴桃专称“Kiwifruit”，也成为国际上流通的名称，而中文译名“奇异果”也越来越被人们所知晓。

成熟的猕猴桃果实，肉质细嫩，甜而不腻，微酸不损齿，中国古人早已把它作为水果食用，并且逐渐体验到它的某些保健医疗作用。

成书于公元 974 年的宋代《开宝重定本草》记述，猕猴桃具有解热、止渴、通淋功效。后人食疗表明，它对治疗烦热、消化不良、食欲不振、呕吐、泌尿道结石、便秘、痔疮等有助益。另有人介绍，将新鲜猕猴桃叶与酒糟、红糖同捣烂，稍加温，可用于乳腺炎的局部外敷治疗。此外，8 世纪唐代陈藏器《本草拾遗》介绍，取猕猴桃藤榨汁并加入姜汁内服，用于治疗呕吐、胃胀不适。

从现代科学研究得知，猕猴桃是一种高营养、低热量水果，含有丰富的维生素 C，还有猕猴桃碱、多糖体复合物、多酚类、精氨酸、赖氨酸、纤维素、铜、铁等，具有很强的抗氧化作用。英国学者研究证实，猕猴桃鲜果能明显提升人体淋巴球中脱氧核糖核酸（Deoxyribonucleic Acid，简称 DNA）的修复力。猕猴桃中的多种成分，能有效增强人体免疫力，降低血液里的低密度脂蛋白胆固醇（有害胆固醇），从而减少心血管疾患和癌肿发生概率。猕猴桃中的纤维素、寡糖、蛋白质分解酵素能防治便秘，使肠道内不致长时间滞留有害物质。有研究者以猕猴桃多糖体复合物作小鼠试验，显示它能减轻实验性肝损伤，表明它具有保护肝脏作用。

猕猴桃主要供生食，也可加工制成猕猴桃果脯、果干、果酱、果汁、果酒等，不仅增添了人们饮食品味多样化的乐趣，同时在一定程度上仍葆有对人体的保健价值。

奇异果的“奇异”两个汉字，虽是根据英文 Kiwi 音译而得，但是，从奇异果对人体的优异保健功效而言，它确实称得上“奇异之水果”了。

誉满杏林 杏　子

水果之中，与中医药文化有着深刻历史渊源者，杏子可谓首屈一指。“誉满杏林”即是同中医界有着密切关系的成语，其起因是缘于三国时期名医董奉行医轶事。

董奉，字君异，三国时期吴国名医，其具体生卒年不详。古代文献说，董奉原住于福建侯官（今福建长乐）家乡，后迁居到江西庐山山麓，他为患者治病，疗效甚好，如病家贫困，他不取诊疗报酬，但嘱病家在其住处附近空地种植杏树，病重者经治愈后种杏五棵，病轻者治愈后种杏一棵，久而久之，病家种植的杏树蔚然成为茂盛的杏林。董奉每年将杏树所结果实换取五谷，以之赈济贫困者。因此，后来人们往往以“杏林”二字代表医学界，而用“誉满杏林”或“杏林春暖”等词称誉赞颂医德高尚、医术高明的医者。

中国是杏树起源地之一，中国古人采食杏子和种植杏树的历史久远。两千多年前，《礼记》写到人们把杏子作为果食和祭品之用。《管子》则有“五沃之土，其木宜杏”的种植杏树之记载。

据植物学记述，杏树为蔷薇科落叶乔木，与梅树“同宗”，两者的枝、叶、花、果，形态近似，但两者的生长过程中对自然环境适应性稍有差异，总体而言，中国梅树适宜生长繁衍于温暖、湿润气候的南方地区，杏树适于生长繁衍于温凉、干燥气候的北方地区，所以自古以来有“南梅北杏”的说法。

成熟的新鲜杏子，含蔗糖、葡萄糖、柠檬酸、苹果酸、β－胡萝卜素、维生素 B_{17}、维生素 C、挥发油等成分。

杏子作水果食用，对人体的保健医疗作用主要有：生津、止渴、润肺、解酒、美容、秀发以及防癌等。据报道，杏子富含的维生素 B_{17}，是有效的抗御癌细胞物质，而它对人体正常组织却无损害。虽然，杏子是对人体很有裨益的水果，但中国古代医家把它归属为“发物”之一，认为多食杏子将“动宿疾”，可能加重人体某些原已发生的疾病，还提出孕妇、产妇、小儿均不宜食杏子的观点。这在今日来看，似不能一概而论。

杏子的核仁“杏仁”，有味苦、味甜两大类别，前者多作药用，后者常加工成各种食品。研究者科学实验报道，杏仁含苦杏仁苷（在苦杏仁中约含百分之三，甜杏仁中约含百分之零点一）、苦杏仁酶、樱叶酶、杏仁油、蛋白质、多种游离氨基酸、膳食纤维、核黄素、维生素 E、钾、锌、硒等。苦杏仁苷经苦杏仁酶及樱叶酶作用水解之后，生成具有杏仁芳香的苯甲醛和有毒性的氢氰酸。

苦杏仁的苦味越浓则毒性越大，人若食入未经加工的生的苦杏仁，人体自身的解毒机能未能消除苦杏仁毒性，会导致中毒，症状分别是目涩及咽喉烧灼感、流涎、恶心呕吐、腹痛、腹泻、脉搏加快转而变慢变弱、呼吸急促转而变成紊乱，乃至发生呼吸麻痹、循环衰竭致死等严重后果。因此，苦杏仁须经炒熟或煮熟加工消除毒性后，才能食用。

杏仁主要有化痰、止咳、平喘、润肠等功效。历代中医把杏仁和其他中药配伍成的方剂，种类繁多，其医疗用途更广。

据近年来的研究者报道，在生核桃仁、杏仁、西瓜子、花生、开心果、生腰果等坚果之中，不饱和脂肪酸的含量，杏仁与生核桃仁并列首位。现代科学证实，不饱和脂肪酸能降低俗称为“坏胆固醇”——“低密度胆固醇”的含量，从而减少心肌梗死和脑中风的发病概率。有学者建议，每日进食十八粒杏仁即能符合上述营养保健需要。据实验分析，杏仁里的硒元素含量很可观，它对防癌、抗癌很有助益。还有研究人员说，从杏仁中提取到的某些物质，能抑制男性体表细菌分解雄甾酮过多所产生的难闻气息。

杏子鲜果除供生食，还可加工制成杏脯、杏酱、杏酒。杏仁可炒食或加工制成杏仁霜、杏仁露、杏仁蜜、杏仁茶、杏仁酪、杏仁豆腐等供日常食用。杏仁霜不仅通常用温开水冲饮，还可加入粳米粥内，煮成杏仁粥（粳米一百克煮成粥之后，加入杏仁霜六克和白糖适量，再煮五分钟），咳嗽、痰黄稠、口渴咽痛患者食之，将取得一定食疗效果。

中国卫生部颁布的第一批“既是药品又是食品”的名单里，杏仁列于其中，这表明它所受到的重视。

望梅止渴 梅　子

起源很古老的梅树，是蔷薇科落叶乔木。中国是梅树的发源地之一，从出土文物和文献记载，都能证明中国古人很早已采食梅子了，例如：三千多年前商代古墓里曾出土梅子果核；两千多年前《尚书·说命》记载说："若作和羹，尔惟盐梅。"因为盐味咸，梅子味酸，两者能产生协调的调味作用，所以《尚书》说倘若要调制美味的羹食，盐梅是不能少的调味品。后来，明代李时珍在《本草纲目》里写道："梅者媒也，媒合众味。"这表明，中国古人为使烹调之食品味美，相当倚重梅子的"媒合众味"之妙用。

梅子含多量酸性物质，故酸味特重，当人们将梅果含于口中，立刻会刺激唾液腺分泌出大量唾液，三国时期曹操就曾利用梅子此种特点，让行军于途中的众多士卒取得"望梅止渴"的效果。一千五百年前，南北朝时期文学家刘义庆（403—444），在《世说新语·假谲》里记述了此故事：某次，曹操率领部队行军作战，走了一段路程后，部队所带之水喝完，一时之间找不到水源补充，士兵们个个口渴不堪。曹操见此情状，巧施一计，对士兵们高呼：前方有大片梅林，有无数酸甜梅子可以解渴。众人听到曹操此话后，顿时口水涌现，口渴随之消除。后来“望梅止渴”一词即渊源于此。其实，严格说该成语应为“闻梅止渴”才更符合实际，因为士兵听到前方有梅林就流口水了，这是因为他们以往吃过酸梅而形成的“条件反射”。

中国古人不仅将梅子作食物调味用，还把它作药用。采下半青半黄梅子，经熏干至黑褐色制成的熏梅，通常称为乌梅，具有生津、解毒、解痉、收敛作用。东汉名医张仲景创制的名方“乌梅丸”，是以去核乌梅、细辛、干姜、黄连、当归、附子、蜀椒、桂枝、人参、黄柏，加工做成蜜丸，用于治疗蛔虫引起的腹痛、呕吐等。现代科学研究获知，乌梅能促进胆汁分泌，缓解胆道括约肌痉挛，从而使钻进胆道的蛔虫退回肠道内，消除胆道因蛔虫梗塞所引起的症状。其后，中医文献记载乌梅疗病功效，内服：止渴、止噎隔、止吐、止久咳、止下痢、解鱼毒、解酒等。外用：乌梅烧末，用生油调成糊状涂治头部疖肿；将去核乌梅肉捣烂，加工成枣子大小的肛门塞剂，塞入便秘者肛门内，据称大便“少时即通”。

取青梅每夜以盐汁浸渍，白天太阳晒，经十个昼夜，最后晒干成盐梅，外表有白色盐霜，故称为白梅或霜梅，古人介绍：皮肤内遗留的竹刺、木刺，用捣烂的白梅肉外敷刺伤处，易将刺入皮肤内之刺取出；昏迷而牙关紧闭者，取白梅肉擦揩患者牙龈，能促使其流涎并缓解牙关紧闭。

据报道，梅子含多量柠檬酸、苹果酸，以及琥珀酸、单宁酸等，它们可能同梅子在医疗上的作用有关联，惜未完全被阐明。

梅子在人类日常生活中，用途颇广，经加工成的青梅干、梅脯、梅子酱、话梅、陈皮梅、乌梅糖、酸梅汤等，均有良好的生津解渴、开胃和除口臭功用。取乌梅和适量红糖，加水煮开、冷却后的酸梅汤，酸甜恰到好处，是颇为有益的饮料，在炎夏季节尤为合适。不过，由于梅子酸味重，多食对牙齿和消化道可能造成不良影响。若食梅子过多而致牙齿酸软，口中反复嚼核桃仁可以缓解。

做红烧排骨或熬煮猪骨汤时，放入五至六颗陈皮梅同烧煮，既可增加食物的梅香和美味，又能促进猪骨里的钙、磷等被溶解出，从而提高食物的营养价值。

此外，还值得一提者，中国古人发现梅树叶有除霉功用，《本草纲目》说："夏衣生霉点，梅叶煎汤洗之即去，甚妙。"

祝寿美果 桃 子

中国人民对亲友的祝寿活动中，“寿桃”是常被采用的礼品或食品。“寿桃”既可选用成熟的桃子果实，也可用面粉或米粉做成如同成熟桃果形色的代用品。

桃子果实何以被选为祝寿之用？这是因为它们（主要是蟠桃、水蜜桃）的形色美观、滋味甘甜、意涵嘉瑞。再者，还缘于中国古代若干神话故事，其中，如宋代《太平御览》引汉代东方朔《神异经》：“……东北有树焉，高五十丈，其叶长八尺，广四五尺，名曰桃。其子径三尺二寸，小狭核，食之令人知寿。”所以，后来衍生的“蟠桃宴”，多用于祝寿，明代戏曲作家、进士谢谠（1512—？），就曾写有“轻风送十里荷香，舞鹤乱半帘松影，满门齐赴蟠桃宴，人人共祝长生”（《四喜记·椿庭庆寿》）。因此，桃子果实有“仙桃”“寿星桃”美称。此外，它还有美人桃、人面桃、鸳鸯桃等别名。

主要起源于中华大地的桃，其名称之由来，据明代《本草纲目》载述："桃性早花，易植而子繁，故字从木、兆。十亿曰兆，言其多也。"桃树、桃花、桃果，历来受到人们的喜爱，早在两千年前的《诗经》里，已多处有咏桃诗句，其中《周南·桃夭》写道："桃之夭夭，灼灼其华……桃之夭夭，有蕡其实……桃之夭夭，其叶蓁蓁……"诗中的"蕡"字读音 fén，含义"硕大"；"蓁"字读音 zhēn，含义茂盛。《周南·桃夭》三次用"桃之夭夭"，借描述桃花形色美观、桃果硕大味甘以及桃叶青翠茂盛，比喻美丽可爱的出嫁姑娘。无巧不成书的是，"逃"和"桃"同音，后来有人把"桃之夭夭"诙谐地衍生了"逃之夭夭"，用之形容溜走，逃逸得无影无踪。此外，桃园、桃花源、桃花运、桃李等词，也被赋予不同的意涵。

中国古人把野生桃树进行移植栽培的历史，据学者考证，约有四千年了，汉代时，中国桃种经由"丝绸之路"传播到古波斯（Persia，今伊朗），之后，中国桃种又从波斯陆续被引种到西亚、地中海沿岸地区，继而又传播到西欧一些国家，以致于后来拉丁文把桃树与桃果称为 Pesica，误以为这种果树原产于波斯，导致后来桃的英文名称由此衍生为 Peach，至今仍沿用。实际上，中华大地才是桃的故乡。

中国古人食用桃子，逐渐体验到它对人体有补益、生津、润肠、活血、消积等功效，可用于体虚、贫血、闭经及便秘等辅助食疗。桃仁有较突出的活血化瘀功效，还有止咳、杀虫作用，历代中医用桃仁参与配伍组成的中药方剂繁多，有的径直标明桃仁之名，如桃仁汤、桃仁煎、桃仁散、桃仁芍药汤、桃仁红花汤、桃仁承气汤等，分别用于治疗瘀血停滞、闭经、产后腹痛、损伤血瘀、便秘等。

根据现代科学知识，桃树为蔷薇科小乔木，中国许多地方品种多样，成分不完全一致，总体而言，桃子果实含蛋白质、碳水化合物（葡萄糖、果糖、蔗糖、木糖）、维生素（A、B_1、B_2、C、K）、矿物质（钙、磷、铁、钾、钠等）、纤维素、果胶等。其中，钾相对较多，钠较少，故适于水肿患者食用。其果胶有助于防治便秘。常适量食用桃子，对人体有补益和美容作用。

桃仁主要含苦杏仁苷，苦杏仁酶、挥发油、脂肪油，其煎剂及提取物有抗炎、抑制血液凝结、抑制咳嗽中枢、扩张血管、杀虫等功效。鲜桃仁所含苦杏仁苷和苦杏仁酶，被吃进胃里后，会被胃液水解生成有剧毒的氢氰酸，人体中毒后的症状，分别有流涎、头晕、头痛、腹痛、腹泻、脉搏变细弱、心悸、呼吸紊乱，严重者发生呼吸衰竭或心力衰竭致死。供药用的桃仁，经过加工措施，毒性虽大为降低，但服用仍不可过量，孕妇则禁忌服用。

桃子虽对人体有补益，但食用应适量，胃肠功能紊乱者，暂不食桃子。婴儿最好不给食桃子，避免因桃子中的多量大分子物质引起不消化。桃子糖分较多，糖尿病患者慎食桃；孕妇不宜多食桃，因有些人可能会升高血糖。

中医学认为，桃子性温，身体有热时（诸如舌质红、舌苔黄、口干、咽喉疼痛等），最好少食或暂不食桃。此外，不食未成熟的桃子，民间还有桃子忌与鳖同食的说法。

甘酸得适　李　子

李子是中国先民很早就采食的水果，两千年前《诗经》里，数处写到李树和李子："丘中有李"(《国风·丘中有麻》)；"投我以桃，报之以李"（《大雅·抑》）。并且，中国古人很早就栽培野生李树，逐渐掌握了改良李树果实滋味和增加其产量的方法。公元6世纪，北魏农学家贾思勰《齐民要术》记载："正月一日或十五日，以砖石着李树歧中，令实繁。"引文中的"着"字，是安放的意思，"树歧"即树杈，"实繁"是果实繁多。

对李子的形、色、味、功等多项特征，3世纪时，西晋哲学家、文学家傅玄（217—278）较早作了较全面的评价，专门写了一首《李赋》："植中州名果兮……或朱或黄，甘酸得适，美逾蜜房，浮彩点驳，赤者如丹，入口流溅，逸味难原，见之则心悦，含之则安神……"

李子又名李实，还被称为“嘉庆子”“嘉应子”，唐代史官韦述《东西京记》（简称《两京记》）载说：“东都嘉庆坊有李树，其实甘鲜，为京都之美，人称嘉庆子，盖称谓既熟，不加李亦可记也。”至于“嘉应子”之名，是因与“嘉庆子”谐音而来。

中国古人在食用李子的经历中，逐渐发现它的某些医疗功效，主要为生津、开胃、清热、利尿、通肠、消肿等。唐代医学家孙思邈认为，李子“肝病宜食之”。

古代中医认为，李子果核仁有美容作用，据介绍，将李核仁去皮、研细，与鸡蛋清调匀，每夜涂面部，次晨洗去，经一段时日后，有助于去除黑点、黑斑。中国古人对李子美容功效之赞赏，还体现在所谓“李会”之民俗——妇女选定立夏这天将李子果汁调酒饮服。元代《说郛》引《元池说林》记述：“立夏日俗尚啖李，时人语曰‘立夏得食李，能令颜色美。’故是日妇女作‘李会’，取李汁和酒饮之，谓之驻色酒。”

根据现代科学知识，李树为蔷薇科乔木，品种繁多，因而其果实的成分也不尽一致。总体而言，李子含有碳水化合物、果酸（柠檬酸、苹果酸）、胡萝卜素、维生素（B_1、B_2、B_6、B_{12}、C、E、K）、矿物质与微量元素（钾、磷、铁、硒等）、氨基酸（近二十种）、叶酸以及膳食纤维等。进食新鲜李子，能促进胃酸及胃消化酶分泌，有助于食物消化和增强肠蠕动，是胃酸缺乏、食后胃胀、肠胀及便秘者的良好食疗之品。新鲜李子所含多种氨基酸（其中有较多量天门冬氨酸），对肝炎、肝硬化等有辅助治疗作用。新鲜李子经过加工成的“嘉庆子”（嘉应子），有生津、润喉效用，很适于教师、播音员、歌唱家、演员及咽干与声音嘶哑者食用。李子和冰糖同炖后的果肉与汁液，是润喉、保养声带的良好食品。

李子果仁含苦杏仁苷和脂肪油，能促进肠蠕动和排便，并有祛痰止咳作用。但是，生的李子果仁对人体有毒性，必须经加工消除或减轻其苦杏仁苷的毒性后方能应用。

新鲜李子有多量果酸，胃炎、肠炎、胃及十二指肠溃疡患者，应少食或暂不食李子。小儿及大便溏薄者也不宜食新鲜李子。此外，有中医古籍记载，李子不可与蜂蜜、鸡鸭蛋、鸡鸭肉同食。理由何在，似值得有关学者研究探明。

黄金丸　枇　杷

“榉柳枝枝弱，枇杷树树香。”

这是杜甫在《田间》中对枇杷赞咏的诗句。多年生常绿植物枇杷树，在很古老的年代，就土生土长于华夏大地，至迟在两千多年前的周代，就已经有人工种植的枇杷树了。《周礼·地官·场人》记载:“场人掌国之场圃，而树之果蓏珍异之物，以时敛而藏之。”所谓“场人”，是指周代掌管国家园圃之官员。“珍异之物”是指“葡萄、枇杷之属”。可见，早在周代，葡萄、枇杷已被列为珍贵的果树而种植于国家园圃中，以便按时收藏供王室食用。

枇杷树的品种颇多，果实除称枇杷外，尚有卢橘、金丸、腊兄等别名。提到枇杷的若干别名，有关它们的史料，有些似值得一叙。

卢橘之名，既是枇杷的别名，也是金橘的别名，但用于指前者更为通行。苏东坡当年被贬谪惠州期间，曾到过该地区博罗县境内的罗浮山，目睹罗浮山下的果林结实累累的盛况，兴致盎然地写了《惠州一绝》："罗浮山下四时春，卢橘杨梅次第新……"诗句中的卢橘，无疑是指枇杷，因春天是枇杷与杨梅果实相继自然成熟的季节。再者，元末明初的文学家陶宗仪，在《南村辍耕录·卢橘》中也写道："世人多用卢橘称枇杷"。可见，自古以来，社会上用卢橘称呼枇杷者甚众。因而，公元 1787 年英国人从广东把中国良种枇杷引种到英国之后，枇杷的英文名被称为 loquat，即是依据"卢橘"的广东话的音译。

枇杷的另一别名是"金丸"，因为大部分枇杷品种的成熟果实表皮金黄色、肉质淡红，所以被美名"金丸"。例如，北宋文学家、史学家宋祁（998—1061）的《草木杂咏五首》中的《枇杷》一诗，就是把枇杷称为"金丸"："有果实西蜀，作花凌早寒。树繁碧玉叶，柯叠黄金丸。"又如明代诗人高启（1336—1374）的《东丘兰若见枇杷》诗句，也是把枇杷称为"金丸"："落叶空林忽有香，疏花吹雪过东墙。居僧记取南风后，留个金丸待我尝。"至于枇杷的又一别名"腊兄"，是指枇杷果皮和果肉为白玉色的品种，宋代陶穀《清异录》记述："建曲野人种枇杷者，夸其色曰腊兄。”

中国历史上，“枇杷”与“琵琶”曾有过相互通用的奇特情况。据说，早期流行于波斯、阿拉伯国家和一些地区的琵琶，在汉代传入中国后，依据它的弹拨指法，汉语把此种乐器称为“批把”。“批”是推手向前，“把”是引手向后。东汉应劭《风俗通·声音·批把》写道：“谨按此近世乐家所作，不知谁也，以手批把，因以为名。”另还因琵琶底部与枇杷叶的外形有些相似，故又称此种弹拨乐器为“枇杷”，汉代训诂学家刘熙的《释名·释乐器》，对琵琶就是以“批把”“枇杷”称之。

正因上述情况，枇杷与琵琶，在古代曾有一则趣事：明代画家沈周（1427—1509），有一次收到友人派人送来枇杷一匣子，沈周的朋友在赠送枇杷的同时，特附上一张字条，故意写为奉赠“琵琶”一奁。沈周看了字条和赠品后，随即也雅谑地写了回条：“承惠琵琶，开奁骇甚！听之无声，食之有味……”托人带回向赠送枇杷友人的致谢。

近代，植物和果树通过科学育种，生产出无籽西瓜、无核橘子等。有趣的是，在宋代时已有果实无核的枇杷品种，陆游的《杂咏园中果子》的诗句即可证明：“不酸金橘种初成，无核枇杷接亦生。珍产已从幽圃得，浊醪仍就小槽倾。”

自古以来，中国人对枇杷多有利用，除了摘食其鲜果肉，还以它作中药材，其中主要用枇杷叶。中医学认为，枇杷果肉味甘酸，药性凉，对人体有润肺、止渴、止咳、止呕逆等作用。枇杷叶味苦辛，药性寒凉，有清肺、化痰、止咳、和胃、止呕逆等作用。明代《本草纲目》高度评价枇杷叶“治肺胃之病”的价值，概括为：能使“逆者不逆，呕者不呕，渴者不渴，咳者不咳”之功效。

枇杷叶虽可单独作药用，但通常是与其他药物配伍，组成多方面治疗用途的方剂，诸如枇杷叶膏、枇杷膏、枇杷叶散、枇杷叶丸、枇杷叶汤、枇杷清肺饮等，而其他采用枇杷叶配伍却未标出其药名的方剂则更多。许多采用枇杷叶配伍的方剂，虽然不少是主治咳嗽痰多，但也有不少是主治其他病症，例如，同样取名“枇杷膏”的成药不止一种，每种虽均有枇杷叶，但因分量的差别以及药物配伍之不同，有的主治咳嗽痰多等，有的主治劳伤虚损、体弱神疲、腰背疼痛等。又如，同样取名“枇杷叶散”的方剂也有数种，它们因药物配伍不同，主治也就不完全一样。

枇杷还有一特点，不少品种是冬季开花，夏季果实成熟。明代王象缙《群芳谱》称，枇杷秋荫、冬花、春实、夏熟，备四时之气，他物无与类者。寒冬季节，开花的植物少，冬天的枇杷花是蜜蜂采蜜的优良蜜源之一。所酿成的蜂蜜更为可贵，恰当饮服，对润喉、润肺、化痰、止咳、健胃、清热、通便等，很有助益。

根据现代科学知识，枇杷果肉含碳水化合物、蛋白质、脂肪、果胶、维生素（B_1、C）、β-胡萝卜素、钾、钠、铁、磷、钙、纤维素、鞣质等。枇杷叶含挥发油（橙花醇、金合欢醇、月桂烯、芳梓醇等）、苦杏仁苷、皂苷、齐墩果酸、苹果酸、山梨醇、鞣质等。近年，有日本研究者简略提到，从枇杷叶中提取到有降血糖作用的物质；另有研究者从枇杷叶中提取到抑制癌肿的物质，惜均未作详细说明。

多子多福　石　榴

不知从多少万年前起，石榴就生长在伊朗等中亚地区，它是一种很古老的多年生灌木或小乔木植物，良种石榴果实中的石榴子的外种皮，肉质半透明、汁多、酸甜可口，其颜色鲜艳，外形晶状，宛若宝石，广受人们喜爱。其历史久远，有报道说，20世纪40年代，考古者在伊拉克境内，从一座约为四五千年前的一个王朝的王后墓葬中，发现死者戴的皇冠上镶有石榴图案的宝石，表明在很古老的年代，石榴被人们视为珍果。

考古学者认为，距今约四千年前，居住于地中海东岸的腓尼基人（Phoenician），对传播石榴起了很大的作用，因为他们擅长航海和经商，他们足迹所到之处，美味的石榴果也往往被带到了该地，继而又被人们辗转传播到更多地方。

石榴之传入中国，据西晋文学家张华（232—300）《博物志》记载，西汉使臣张骞奉朝廷之命，率众前往西域一些国家和地区，他们返回中国时，从涂林安石国带回安石榴，之后，人们将它们进行栽种，早期主要在新疆、甘肃、陕西等地区，后逐渐扩大到更多地方。石榴的汉文名称，初期称为安石榴，简称石榴或榴，另有丹若、天浆等别名。对于榴与安石榴，李时珍在《本草纲目》中解释说："榴者瘤也，丹实垂垂如赘瘤也。"他援引《博物志》转述："汉张骞出使西域，得涂林安石国榴种以归，故名安石榴。"

由于石榴花和果实的特征，中国古人对它有不少赞咏诗句，晋代文学家潘岳（约 247—300）写下了很有代表性的《安石榴赋》："榴者，天下之奇树，九洲之名果也。华实并丽，滋味亦殊……遥而望之，焕若隋珠耀重渊；详而察之，灼若列宿出云间。千房同膜，千子如一，御饥疗渴，解酲止醉……"引文中的"酲"，读音 chéng，含义为：酒醉醒后仍存在的困惫难受症状。从《安石榴赋》上述一部分引文，足可看出石榴果实的形、色、香、味以及功效。

此外，石榴在汉文中还衍生了若干相关的词汇，以及有趣的民俗和事物，诸如："石榴红""榴红"，都是指类似石榴花一般的朱红色；"榴火"，指红艳似火的石榴花，或形容像石榴花般的火红色；“石榴尊”，指榴花酒；“石榴百子”“榴房”，都是指石榴果实中包含许多石榴子，因而，有的地方的民俗，对新婚人家赠以石榴，寓意为“多子多福”；“石榴裙”“榴裙”，指如同石榴花般的朱红色裙子，或者指绣有石榴花的裙子。相传杨贵妃不仅喜欢吃石榴果、喜爱观赏石榴花，还很爱好穿石榴裙，她因不满臣子们见到她时不跪拜，私下向唐玄宗表示埋怨，之后，唐玄宗训谕群臣，见到杨贵妃时，也应行跪拜礼。后来，由此衍生出“跪倒在石榴裙下”或“拜倒在石榴裙下”的俗语，并且逐渐被引申为男子追求女子的意涵。

石榴作为中药，主要是以石榴的果壳为药材。加工后的石榴壳煎汤内服，能清热、健胃、润肺、涩肠、止血，治疗久泻、脱肛、蛔虫病等。煎汁外用，可洗治疥疮。石榴花揉成团塞入鼻孔，对鼻出血有暂时止血效果。将石榴花捣碎调以芝麻油，可用于烫伤局部治疗。

现代研究报道，石榴果壳含鞣质、树胶、果胶、甘露醇、没食子酸等成分。故有涩肠、止泻、止血、消肿、驱虫等作用。石榴子粒的外果皮质主要含蔗糖、果糖、苹果酸、柠檬酸、石榴多酚、花青素，还有维生素（主要为C、B_6、E）、叶酸、钾、钙、磷、镁、锌等。饮服石榴果汁，有助于消化、降血脂、降胆固醇、防治动脉硬化和冠心病。近年有学者实验证明，常适量饮服石榴汁还有防治前列腺炎和前列腺肥大的效果。

石榴果肉也含多量鞣酸，不宜和富含钙与蛋白质的食物例如牛奶、蛋、虾、蟹等同时进食，一是避免妨碍人体对钙和蛋白质的吸收利用；二是避免它们可能产生结石而对人体不利。石榴所含某些生物碱、有机酸对牙齿珐琅质有些腐蚀作用，所含色素会染黑牙齿，所以石榴一次不要多食，通常认为一天一个为宜，食石榴后最好能刷牙。

柿　子

叶可临书

农谚“七月小枣八月梨，九月柿子红了皮”。农历九月通常是柿子成熟时节。华夏是柿树发源地，至迟在两千年前，中国古人已将野生柿树移植驯化。汉代司马相如《上林赋》里，述及汉代宫苑“上林苑”植有柿树，供帝王臣子等观赏及采食其果实，并且，柿果在古代是祭祀供品之一。

古人因认识到桑、柿、梨、栗等对人类诸多裨益，故种植积极性甚高，如《梁书·沈瑀传》记载：“永泰元年（498），（沈瑀）为建德令，教民一丁种十五株桑，四株柿及梨、栗，女丁半之。人咸欢悦，顷之成林。”引文中的“丁”，指男子；“女丁”指女子；“半之”指女子栽种男子一半数量的桑、柿、梨和栗。

对柿树特征和用途，唐代段成式《酉阳杂俎》载说：

“俗谓柿有七绝：一、树多寿；二、叶多荫；三、无鸟巢；四、少虫蠹；五、霜叶可玩；六、嘉实可啖；七、落叶肥大，可以临书。”

柿树属柿科多年生乔木或灌木。它的树龄据说能长达两三百年，其叶每年霜降后逐渐变成红色，故称“霜叶”。它给人以悦目之感受，唐代诗人李益的“柿叶翻红霜景秋”（《诣红楼院寻广宣不遇留题》）；宋代苏东坡“柿叶满庭红颗秋”（《睡起》），都是对霜秋柿叶泛红的赞美诗句。

柿叶宽平，干燥后可供练字，此即是“柿叶临书”之由来。唐代开元二十五年（737），被授予广文馆博士的书画家郑虔（692？—764），少年与青年时期，因家贫无钱购纸练字，就曾利用柿叶练习书画，《新唐书·郑虔传》记载：“（郑）虔善图山水，好书，常苦无纸，知长安慈恩寺贮柿叶数屋，遂往日取叶习书，岁久迨遍。尝自写其诗并画以献，帝大署其尾曰‘郑虔三绝’。”古代取柿叶练字者远不止郑虔一人，南宋诗人杨万里（1127—1206）亦然，他在《食鸡头子》里，写有“却忆吾庐野塘味，满山柿叶正堪书”的诗句。

良种柿果美味可口，古代通州（今南通市）骑岸镇的秋熟方柿，形、色、味、质俱佳，被冠以“金盆月”美名，清代举人陈昌鼎《咏柿》写道："骑岸金盆月，江淮众口夸；方圆戴翡翠，通体染朱砂；滋肝润肠胃，甘酸溅齿牙；中秋有此物，何必寻其他？"趣味盎然！

中医学认为：食用鲜柿子能生津润肺、清热健脾、涩肠止泻、止血、利尿、解酒；柿叶煎汁服，能生津、止渴、止血、止咳；柿花晒干研末，敷治痘疮溃烂；柿蒂煮汁饮服治疗呃逆反胃；柿饼（柿子晒干压扁）滋养、润肺、涩肠、止血；柿霜（柿子制成柿饼时，外表形成的白色粉霜）有清热、润燥、化痰、止咳、止渴、止血作用，能治疗咽干喉痛、燥咳、口舌脓肿。

现代科研报道，柿子主要成分有：多量有机酸、蔗糖、果糖、葡萄糖、甘露醇、维生素 C 与 P、胡萝卜素等，还有丰富的黄酮类物质、碘元素，对人体很有补益，能延缓动脉硬化，改善心血管功能，并可作为缺碘性甲状腺肿大患者的辅助食疗。

柿子能解酒，据报道主要是它所含酶类物质和鞣酸加快了血液中的乙醇氧化，同时，它所含钾和碳水化合物的利尿作用，也促使酒精（乙醇）从尿中排出。食用柿子，不仅能在较短时间里解酒，还能缓解酒醉后第二天的头痛。据说，早年有的老字号酒楼，当宴饮的食客在酒过三巡时，侍者会端上新鲜柿子供食客食用，以帮助饮酒者预防醉酒和酒醉者解酒。

对柿叶的成分和保健功效，有报道说，20 世纪 80 年代以来，不少学者进行了深入研究，发现它含有丰富的黄酮类物质，且质量好，并有可观的三萜类化合物和蛋白质，还含有酚类、挥发油、天然香味素、叶绿素、维生素 C、胡萝卜素、多糖、胆碱，以及若干种矿物质。有关学者与技术人员，将柿叶脱涩、加工制成易溶柿叶粉或柿叶晶，用温开水冲泡代茶，长期饮服，据说能改善血管弹性、降血压、降血脂、减肥、止血、利尿、减少皮肤黑色素沉积、提高机体免疫力和防癌功能等。

柿子对人体虽有多种裨益，但因含多量鞣酸，一次不可多食，也不宜空腹吃；柿子忌和蟹、虾等富含蛋白质食物同食，以避免与鞣酸凝结为结石；柿子忌和红薯同食，以免在胃中形成柿石；柿子的糖分易被人体吸收，糖尿病患者不宜食柿子；柿子果皮和未成熟柿子含鞣酸更多，忌食。

蜜望果　芒　果

中国人引种的国外果类植物，其名称由英语读音直接音译成中文者，芒果（Mango）是颇具代表性的一种。生长于热带、亚热带的芒果，果肉细嫩芳香，酸甜爽口，早已享有“热带水果之王”的誉称。

芒果树为漆树科芒果属常绿大乔木，其果实通常在每年六月成熟，也有在九十月成熟的秋芒果。印度为芒果主要发源地，约在四千年以前起，印度人民将野生芒果进行人工栽培，经过长时期对其品种进行改良与发展，使印度的芒果品种和产量，均居全球之冠，其产量据说超过全球总产量一半。

自古以来，印度人把芒果视为吉祥、幸福和爱情的一种象征，所以在印度的古代建筑、雕塑和文学作品中，有不少对芒果的反映与描述。在印度的佛教、印度教寺庙里，往往种植芒果树，每当芒果成熟后，僧侣们即选取上乘之芒果供奉佛祖。教徒们到寺庙上香祈祷时，也往往带上芒果向佛祖供奉。

随着年代的更迭，各国、各地人民在互相往来过程中，印度芒果逐渐被传播到亚洲、欧洲、非洲、美洲、大洋洲的广袤土地上，据说迄今已遍及一百多个国家和地区。

印度芒果传入中国，是在公元7世纪中叶，据载唐代高僧、三藏法师、旅行家玄奘（本姓陈，名祎，602—664），在唐贞观三年（629）前往印度学习佛学，他在贞观十九年（645）回国时，将芒果引种到中国。翌年，他的徒弟辩机，把师父玄奘所述在西域经历与见闻编写成《大唐西域记》（简称《西域记》），书中特别记述了受到印度人民尊崇的芒果，说“庵波罗果，见珍于世”。引文中的“庵波罗果”，有人推想很可能源于印度古梵语，也即现今所称芒果。

因芒果为木本植物，所以它的汉文学名为木字偏旁的杧果，另有音译名木莽果、檬果，但是，人们广为采用的名称却是草头偏旁的芒果。此外，它还有蜜望子、蜜望、望果等别名。清代赵学敏《本草纲目拾遗》引《肇庆志》说：“蜜望子一名莽果，树高数丈，花开极繁，蜜蜂望之而喜，故名。”至于“望果”之得名，赵学敏引《交广录》所载广东民谣说：粤人对望果“贵之，故望之，蜂望其花，人望其果也”。芒果传入中国后，主要生长分布于广东、广西、海南、台湾、福建、云南等气候温暖地区。中国古人栽种采食芒果，逐渐发现它具有生津止渴、滋咽润喉、益胃止呕、利尿通便等食疗功效。民间还有取芒果叶或芒果核煮汤剂饮服的方法，用于治疗食物积滞与消化不良。

据研究报道，芒果含多种有利于人体保健的物质，其中芒果酮酸、异芒果醇酸等三萜酸类化合物，有保护肝脏、降低血脂、排毒、抑制大肠杆菌、遏制肿瘤细胞等作用。芒果所含没食子酸、没食子鞣质、槲皮素等多酚类化合物，能抗氧化、延缓衰老、减少心脑血管疾病、促进胃肠道溃疡愈合、减轻肠道炎症、解毒，并促使脂类化合物随粪便排出。芒果还含有果糖等多种碳水化合物、蛋白质、膳食纤维、多种维生素、矿物质和微量元素，特别是胡萝卜素含量十分突出，硒的含量也很可观，这些成分对人体延缓细胞与组织衰老，提高免疫力和抗癌力，都很有裨益。

食芒果对人体虽有诸多益处，但不可一次进食太多，有报道说，有人一次进食大量芒果后导致肾炎，故肾炎患者不可食芒果。再者，食芒果后，不可连着吃大蒜等辛辣食物，因可能使人出黄汗、皮肤发黄，其机理不详。还有，过敏体质者忌食芒果，因可能引起皮炎、唇肿、口腔黏膜起泡、哮喘等症状。未熟透的芒果，更易引发过敏，即使无过敏体质者也不可食。此外，皮肤病、糖尿病患者也应慎食芒果。

虽然，芒果有某些缺点，但它依然受到众多人士的喜爱。特别值得提及的是：1950 年印度共和国成立以来，印度政府首脑和其他国家政府领导人交往时，往往以良种芒果“阿尔芳索”（Alphonso）作为礼品之一馈赠；1991 年起，印度每年举办“芒果节”，展示并让人们品味、欣赏芒果的各种食品与文化艺术作品；其后，巴基斯坦、泰国、中国等一些地方也相继举办“芒果节”；菲律宾则把芒果定为“国果”。这些做法，更给芒果增添了不少佳话。

并非无花　无花果

说起“无花果”，可能不少人以为它是未经开花而结出的果实。汉文“无花果”一名的由来，可能就是因为定名者有此误见所致。实际上，“无花果”的确有开花过程，只是它的花深藏于囊状花托内，以致于一部分人把它忽略了。就实际情况而言，称之为“隐花果”才名副其实。

无花果树为多年生落叶灌木或小乔木，属于桑科，原生长于亚洲西南部沙特阿拉伯、也门等国及地中海沿岸地区，其原始名称和含义已难以详悉。据报道，无花果是人类将野生果树进行人工栽培的最早的果树之一，其栽种史迄今已有五千年了。在古埃及、古希腊、古印度等国家和地区，无花果被人们视为“圣果”，往往作为祭祀果品之一，并流传着关于无花果的一些神话故事。考古者曾经从埃及金字塔和古墓中，发现有表示人们灌溉无花果树与采收其果实的壁画，部分反映了古代若干国家和地区的人民对无花果重视的情况。无花果因具有生长适应性强、成树快、结果早、营养好等优点，逐渐被传播引种到亚洲、非洲、欧洲、美洲许多国家与地区，并有着多种不同名称。

无花果树之传入中国，具体年份和情况不详。据说，它早期主要是通过横贯亚洲的“丝绸之路”，由西亚地区传入新疆南部，而后引种到中国内地；另有从印度传入中国者。16 世纪后，外国乘船来华者，也把无花果树种传到中国南方、东南方海岸数省的部分地方。现存中国古代文献较早提及无花果者，可能是公元 6 世纪初的《南齐书》，该书所述“优昙钵”花，即是指无花果的花。“优昙钵”一名，是根据印度梵文 Udumbara 的音译，有文献解释它即是印度佛教认为寓意吉祥的无花果树的花，说此树每年结果实，却很少开花，一旦开花，即是大吉大利的征兆。宋代桑世昌《兰亭博议·临摹》里也写到“优昙钵花”，说逸少这个人，“笔迹如优昙钵花，近世罕见”。

上述文献虽均写明优昙钵花，但所载均不如中国古代其他几部著名文献影响之广，例如 9 世纪唐代段成式《酉阳杂俎》说，底珍（指无花果）“出波斯……无花而实”；明太祖朱元璋第五个儿子朱橚，约在公元 1406 年主编成《救荒本草》，首先定下了“无花果”之名；1578年李时珍撰成的《本草纲目》，也采用了“无花果”名称，一直被沿用至今。

无花果实，质软、汁多、味甜、籽细，主要供鲜食，也可制成果脯、果干、果酱、果酒等，便于保存食用。中国古籍记载，内服无花果有开胃、滋补、润肠、通乳汁等功效。咽喉肿痛者，将无花果晒干或焙干，研成粉末吹于患处，能消肿减痛。无花果树叶煎汤，可用于熏洗痔疮脱肛。无花果叶柄折断处流出的白色汁，外涂痔疮肿痛处，也有消肿止痛作用。

现代科学研究报道，无花果含有易被人体吸收的较多量的葡萄糖和果糖；所含淀粉酶、蛋白酶，有助人体消化碳水化合物和蛋白质；脂肪酶有助分解脂肪，降低血脂，减少脂肪与胆固醇沉积于血管壁，预防心脑血管疾患；无花果实含芳香性物质苯甲醛和微量元素硒，能减少人体发生癌肿的概率；无花果树叶所含补骨脂素、佛手柑内酯，有激活抗御癌细胞的作用；无花果纤维和果胶，能吸附肠道内有害物质排出体外；无花果在肠道有双向调节作用，对便秘者有助通便，对泄泻者有助止泻；无花果含抗氧化物质，有助于人体延缓衰老和美容；在无花果所含多种氨基酸之中，有多量抗疲劳的天门冬氨酸。

与人类的生活和保健有着悠久历史渊源，又具多方面效益的无花果，实在是值得我们更好地予以发展及利用的绿色食品。

妃子笑　荔　枝

中国的百果之中，自古以来人们写诗作赋屡次咏赞的水果，荔枝可能是首屈一指。

唐代进士、诗人、大臣张九龄（678—740），称誉“果之美者，厥有荔枝”（《荔枝赋》）。唐代进士、文学家白居易（772—846），在第一次品尝荔枝后写道：“早岁曾闻说，今朝始摘尝；嚼疑天上味，嗅异世间香”（《题郡中荔枝十八韵兼寄万州杨八使君》），其初尝荔枝的惊讶不已及欣悦感受，跃然纸上。白居易还意趣盎然地描述：“（荔枝）壳如红缯，膜如紫绡，瓤肉莹白如冰雪，浆液甘酸如醴酪……”（《荔枝图序》）宋代进士、文学家曾巩（1019—1083）更坚称“荔枝于百果为殊绝”（《福州拟贡荔枝状》）。

中国历代人士对荔枝赋诗赞咏，不少人不只是写一两首，有的人曾写下四五首甚至更多，清代进士丘逢甲（1864—1912）是尤为突出者，其咏荔诗据说超过百首，仅以其中之一“紫琼肤孕碧瑶浆，色味双佳更带香；若援牡丹花史例，荔枝原是果中王”诗句观之，充分表明诗作者对荔枝的高度赞赏之情。

荔枝树是多年生常绿乔木，荔枝树龄高寿者，据说长达千年。中国南方地区——广东、福建、海南岛、台湾、广西、云南、四川南部，是荔枝的主要起源地，后来逐渐被引种到其他国家。

荔枝起初称“离支”“离枝”，宋代《太平广记》《本草图经》等书引三国时期《扶南记》所载，说荔枝果树的枝条弱、果蒂牢，果实难摘下，须连同枝条一起割下，所以称“离枝”，后来演变为荔枝，并产生“丹荔”等别名。

中国的荔枝，不仅品种繁多，而且良种纷呈。据说，唐代杨贵妃极其爱食鲜荔枝，唐玄宗为博其笑颜，下旨派人从南方遴选良种鲜荔枝，快马加鞭、日夜兼程地火速送长安宫中。彼时路途险阻，运送荔枝的劳卒与马匹不断暴毙于途，但仍须前仆后继地执行“御旨”。后来，杨贵妃喜食之该良种荔枝，被称为“妃子笑”，而唐代文学家杜牧（803—853）则深为感慨地写下了“长安回望绣成堆，山顶千门次第开；一骑红尘妃子笑，无人知是荔枝来”（《过华清宫》）。

历来，荔枝主要是供人们作水果食用，但在食用过程中，发现它具有某些医疗保健功效。荔枝果肉生津止渴、开胃止呃、补血滋体，可供病后体虚及久泻、血崩等患者之食疗；荔枝核（煅存性）有温中、理气、止胃痛作用；明代《景岳全书》所载“荔香散”，是取烧存性的荔枝核研粉一钱、木香研粉八分，以温开水调服，用于治疗胃脘久痛；此外，每日取荔枝干十颗与适量大米及红糖煮粥，可作为“五更泻”的食疗。

现代科研获知，新鲜半透明的荔枝果肉，实际上是荔枝的假种皮，不同品种的荔枝果肉，其成分不完全一致，良种荔枝的果肉，营养价值更高，它富含糖分（葡萄糖、蔗糖、果糖）、维生素C和钾。另外，磷、天门冬氨酸、谷氨酸含量也相对较多，还有果酸、叶酸、芳香性物质等。食用荔枝果肉，有益于补充人体能量、提高耐力、增强人体免疫功能、缓解呃逆与泄泻、改善失眠与健忘，并有补血、止血、滋润皮肤等效用。

荔枝果肉对人体虽有多种保健功效，但空腹时不可在短时间内进食过多，以避免可能引起“荔枝病”，也即一时性低血糖症，其症状有头昏、恶心、腹痛、出冷汗、心悸，甚至抽搐、昏迷，此种情况多出现于幼儿。“荔枝病”的原因，据认为是空腹时一次进食大量荔枝鲜果肉，使人体血液中的果糖突然大量增加，肝脏内转化酶一时之间未能将血中多量果糖转化为葡萄糖，使血中供人体利用的葡萄糖浓度相对降低。引起“荔枝病”的另外一原因，据说因荔枝含有一种阿尔法（α）次甲基环丙基甘氨酸，该物质有降血糖作用，会导致人体发生低血糖症。

正因鲜荔枝肉的上述情况，幼儿、驾车者和骑车者，应避免在空腹时一次进食大量鲜荔枝肉。若出现“荔枝病”症状，应立即饮服葡萄糖水，以消除或改善低血糖症状。

中医学认为，荔枝性质偏于“燥热”，对某些病患有可能加重其症状，咽喉炎、口腔黏膜炎或溃疡、扁桃体炎、出鼻血、面部痤疮、糖尿病患者等，须慎食或暂不食荔枝。

荔枝花具有芳香、含蜜多，开花期限长等特点，是蜜蜂酿蜜的良好蜜源。蜜蜂吸取荔枝花蜜酿出的蜂蜜，无“燥热”性，却具有清热解毒、改善食欲、帮助消化、镇静安眠、增强免疫力、延缓衰老以及润肤美容等作用，是大有益于人体保健的上乘之品。

益脑宁神　龙　眼

在百果园中，龙眼（又称桂圆）的果实，外观似不甚耀眼，然而，其果肉芳香独特，质嫩汁多、味甜淳美，是深受大众喜爱的水果。

明代，出生于福建莆田的文学家、书画家、篆刻家宋钰（1576—1632），对家乡盛产良种龙眼果实的形质与功效，十分赞赏，写下了意趣盎然的《桂圆》诗句："圆若骊珠，赤如金丸，肉似玻璃，核如黑漆，补精益髓，蠲渴扶饥，美颜色，润肌肤，多种功效，不可枚举。"并形容它"外衮黄金色，中怀白玉肤，劈破皆走盘，颗颗夜光珠。"

上述诗句中的"骊珠"，是一种珍贵的玉珠；"蠲"，读音 juān，意思是消除；"衮"，读音 gǔn，此处可解释为呈现。

龙眼树为亚热带多年生常绿乔木，中华大地是它的发源地，它主要生长分布于福建、台湾、海南、广东、广西、云南、贵州南部、四川南部等地区。龙眼的别名甚多，诸如龙目、骊珠、益智、圆眼、桂圆、蜜脾、荔枝奴、川弹子等，有的文献记述了某些别名的由来，明代《本草纲目》说："龙眼、龙目，象形也。"宋代《本草图经》对荔枝奴的解释为："荔枝才过，龙眼即熟，故南人目为荔枝奴。"

龙眼树依生长地区和品种的不同，其树龄通常一百多年，果龄八九十年，每年七至十月果实成熟。中国古人很早就食用龙眼并进行人工栽种。2 世纪东汉时，《神农本草经》说："龙眼一名益智……久服强魂聪明。"另据《后汉书》记述："交趾七郡献龙眼，盖龙眼之见珍，自汉已然。"汉代时的交趾，其辖境相当于现今广东、广西大部和越南的北部、中部。

中国古人对龙眼的利用，除了采食其鲜果，还将龙眼果实加工制成桂圆干、桂圆肉，并且把龙眼用于保健疗病，认为是滋补良药，具有补益气血和安神功效，对健忘、失眠、惊悸、虚羸体弱、产妇浮肿等病症有辅助治疗作用。

龙眼肉既可单独食用，也可制成龙眼膏，例如，清代医家王士雄在《随息居饮食谱》记述的"玉灵膏"，是用龙眼肉加白糖（用量约为龙眼肉的十分之一），蒸熟加工的成药，据说其功效“大补气血，力胜参芪”，所谓“参芪”，是指人参、黄芪。据介绍，将玉灵膏用温开水冲服，可治疗气血不足者，尤其适于孕妇临产之前服用，对分娩很有帮助。龙眼肉还可和其他药物配伍成多种治疗用途的方剂，其中如宋代医家严用和《济生方》记载的“归脾汤”，具有健脾养心、益气补血等功效，至今仍为保健医疗常用之名方。

此外，龙眼肉与其他食物搭配，可做成甚多食品，八宝饭、八宝粥是大家熟知的甜点，而龙眼莲子汤、龙眼红枣汤、龙眼赤豆汤等，则兼有食疗作用。龙眼果肉和果核，还可酿酒。

据现代科学实验测知，龙眼肉富含：葡萄糖、果糖、维生素（B_2、C、K、PP）、矿物质（钾、镁、磷等）。各种水果的硒含量，龙眼居前列。龙眼肉含有较多蔗糖、酒石酸、胆碱、蛋白质，是高能量水果。有报道说，龙眼肉很可能还含有延缓衰老的物质，因此在日常生活中，适量食用龙眼肉，对身体有补益。但中医学认为，消化不良、舌苔厚腻、咽喉红痛、牙疼、阴虚内热者，暂时不宜食龙眼。

除了用龙眼肉保健医疗，中医文献还记载龙眼核、龙眼壳、龙眼叶的治病作用。将龙眼核煅炒存性后，研成细末（名为“骊珠散”），用于外敷创伤局部，能止血、减痛和减轻伤口愈合后的瘢痕。《本草纲目》记述，取龙眼核六枚、胡椒十四粒同研成细末，可用于擦治腋部狐臭。龙眼壳煅炒存性研成细末，用茶油调成糊，可用于外敷治疗烫伤和久不愈合的皮肤溃疡。还有，龙眼叶煎汤，用于外洗治疗疮肿等。

龙眼树之木质，纹理细密，色紫悦目，坚实耐久，用于雕刻工艺品，属上乘材料。如上所述，龙眼树整体不也称得上“物尽其用”者耶！

除疲怡神　香　蕉

香蕉是地球上很古老的植物，原产地为亚洲东南部热带、亚热带地区。中国的海南岛、两广、云南南部、台湾和福建东南部，也是香蕉的起源地及主要产地。

植物学家通过对香蕉考察和研究获知，香蕉属芭蕉科，适宜生长于温暖无霜冻（年平均气温在二十摄氏度以上）、降雨量充沛的环境中。在人类的历史长河中，随着各地人民的交往、迁徙，可供水果食用的香蕉品种，也被传播引种到环绕南纬 30° 到北纬 30° 之间的热带、亚热带地区。现今，全世界栽培的香蕉，据说有三百多个品种，以巴西、厄瓜多尔、印度、印度尼西亚、中国、泰国、菲律宾等国家产量最丰。

中国古人采食和栽种香蕉的历史久远，公元3世纪，《广志》书中称香蕉为芭蕉或甘蕉，说它“茎如荷芋，重皮相裹……剥其上皮，色黄白，味似葡萄，甜而脆，亦饱人。”6世纪，《齐民要术》载：“芭蕉有三种”，其中一种“味最甘好”的“甘蕉”，“剥其皮，食其肉，如饴蜜，甚美，食之四五枚可饱，而余滋味犹在齿牙间。”对如今通常所用的香蕉之名，最早记载的本草书籍，是清代医家赵学敏所撰《本草纲目拾遗》，其中述及广东民间用香蕉喂婴儿的做法，若产妇乳汁少，婴儿吃不饱，可用香蕉“饲之”，当然其前提应该是婴儿能食半流汁食物之后。《本草纲目拾遗》还记载“（香蕉）浸酒，味甚美”。此种香蕉可能别有一番风味。

人类采食香蕉，相当长时期主要作为水果食用和充饥，并逐渐认识到它有治疗喉痛、防治便秘、缓解痔疮疼痛与出血等功用。而当香蕉的成分及其作用机制被人们研究探明之后，它对人体的保健医疗功效更得到重视。

香蕉富含碳水化合物，其糖分在人体内能较快转化为葡萄糖被吸收，是一种快速的能量来源，加上香蕉的钾含量较高，钾离子能增强肌肉耐力，因此，香蕉是运动员的合适食物之一。香蕉高钾、低钠特点，对高血压患者有辅助治疗作用。

香蕉含丰富果胶和可溶性纤维素，有助于润肠，防治便秘。香蕉皮里含有“蕉皮素”，能抑制真菌，将它外擦治皮肤瘙痒、皮肤皲裂、扁平疣，能取得一定疗效。把香蕉捣成泥状涂敷面部，二十分钟之后用水洗净，每日一次持之以恒，经过若干时日，面部肌肤将细嫩光泽。

香蕉还含有一种能使人脑产生5-羟色胺的物质，该物质具有安神镇静和愉悦情绪的作用。有学者发现，进食香蕉能增加人体白细胞，改善免疫系统功能。香蕉放置于室内三四天之后，外皮表面会出现褐色小点，据认为这是它的免疫力的反映，香蕉皮上出现的褐色小点多，表明其免疫活性高。

此外，香蕉含蛋白质、纤维素、叶酸、若干种微量元素与矿物质。其中，镁的含量较多，对调节心肌兴奋性与心律，以及维护动脉功能都有裨益。不过，空腹时不宜进食太多香蕉，若人体内的镁含量骤然升高，有可能导致体内镁和钙的平衡失调，进而对心血管产生抑制作用。香蕉的钾含量高，患泌尿系统疾病者不宜多食。香蕉糖分高，糖尿病患者应慎食。

芳香四溢 菠　萝

在众多的水果之中，菠萝是广为人们喜爱者，这是因为它果肉芳香独特，味美隽永，以及对人体有保健良效。

菠萝的发源地主要在南美洲巴西、巴拉奎、阿根廷、墨西哥、委瑞内拉等国一些地区，上述国家、地区的原住民族最早采食野生菠萝果实，继而人工栽种菠萝，经过不断改良，使品种逐渐优化。他们不仅食用菠萝鲜果，还以它酿酒、药用和供祭祀，并且根据菠萝果实外形，进行绘画、雕塑等。他们给菠萝取的名称，有一种与松果相关联：因两者都是椭圆球形，外表都呈一片片鳞状，只是菠萝果实大得多。后来，英文名词 Pine，兼有松和菠萝两种含义，有趣的是，英文菠萝的另一名词 Pineapple，也有 Pine 参与构成。

16 世纪起，葡萄牙、西班牙等国家的航海者、传教士和商人，把起源于南美洲的菠萝，先后引种到欧洲、非洲和亚洲一些国家和地区，由于其芳香、味美和稀珍，菠萝被传播到欧洲一些国家的起初一段时期，权贵、富豪之家竞相摆放它的果实，以显示其富贵、地位与高雅，同时用以祈求吉祥。

17 世纪中叶，葡萄牙传教士把菠萝引种到中国澳门，之后又陆续引种到广东、广西、海南岛、福建、台湾等一些地方。汉文“菠萝”之名，是取英文含义为凤梨（菠萝）的 bromeliad 的 bromel 之音译，而 bromeliad 则是由人名 Olaf Bromelius 衍化而来。Olaf Bromelius（1639—1705）是瑞典植物学家，他最早从植物学角度记述了菠萝，与他同时期的法国植物学家 Charles Plumier（1646—1704）建议用 Bromelius 的名字命名菠萝。其后，瑞典植物学家林耐（Carl von Linne，1707—1778）赞同 Plumier 的建议，他在 1753 年出版的《植物种志》（Speces Plantarum）中对菠萝（凤梨）的命名，采用了 bromel 这六个字母加上 lid 三个字母，所以后来英文字典和法文字典含义为“凤梨”（菠萝）的名词，都带有 Bromel 这个词汇，即是 Bromelius 略去末尾三个字母所形成。

菠萝被引种到中国一些地方之后，繁衍出不同品种，出现了不同名称。例如，清代植物学家吴其浚（1789—1847）《植物名实图考》载："露兜子，产广东，一名菠萝，生山野间，实如萝卜，上生叶一簇……果熟金黄色，皮坚如鱼鳞状，去皮食肉，香甜无渣。"又如，台湾种植的菠萝称"凤梨"，这是因其果实上端有宛似凤尾的一丛常绿叶子得名。

根据现代科学知识，菠萝为多年生之常绿草本植物，品种繁多，因而其果肉所含成分及色、香、味也略有不同，总体而言，富含维生素C。其特有的菠萝蛋白酶，对人体保健有多方面作用，诸如：抑制血小板凝集，促进纤维蛋白原分解，减少发生血栓；促进人体对药物吸收；抑制肿瘤细胞增殖。菠萝蛋白酶制剂，外用于皮肤烧伤创面，有清创与消炎作用，并促进伤口愈合。用菠萝蛋白酶制剂外敷皮肤，有润肤作用等。

菠萝蛋白酶对改善食品也有多种用途：对啤酒中的蛋白质有水解作用，能避免冷藏啤酒发生浑浊；猪肉、牛肉在烹饪之前，经菠萝蛋白酶水解作用能嫩化肉质；生的面粉团中加进菠萝蛋白酶后，将促使其软化而便于加工。

菠萝蛋白酶固然有多方面益处，但对人体也可能有某些副作用，尤其是过敏体质者，食菠萝果肉或果汁，可能在十分钟至一小时左右发生过敏反应，症状分别有呕吐、腹痛、腹泻、头痛、皮疹，严重者发生呼吸困难等。菠萝果肉所含苷类物质，对舌和口腔黏膜也有刺激性，过敏者会出现发麻症状。

为减少和消除菠萝对人体可能引起的副作用，可把去皮后的菠萝果肉浸于淡盐水中半小时，取出用净水冲去盐味，可减少其酸味而显得更甜，并消减其对人体的过敏原及苷类物质的刺激性。

食菠萝鲜果肉还有需注意之处：不宜和鸡蛋、牛奶同时进食，因菠萝果酸、草酸与蛋白质结合凝固，不易消化；妊娠期妇女，糖代谢可能有些异常，不宜过食菠萝等含糖量较多的水果，避免加重对糖代谢不利影响；进食菠萝鲜果肉，一次不可过量，避免对消化道黏膜可能产生的损害，空腹时最好不食菠萝鲜果肉；过敏体质、消化道溃疡、凝血功能障碍、胃病、湿疹、肺结核等患者，孕妇、哺乳期妇女，须慎食菠萝鲜果肉。

总之，对菠萝鲜果肉注意避免其不利因素，恰当食用，无疑是可以获得良好功效。更何况，它含有果糖、葡萄糖、蛋白质、维生素 B_1 和 B_2 以及 P、尼克酸、苹果酸、柠檬酸、钙、磷、钾、铁、锰、锌、硒等，而胡萝卜素的含量高于桃、李、葡萄、香蕉的含量，这些都是它对人体保健有助益者。

百果之宗　梨

梨，是很古老的果树，中国是梨树的主要发源地之一，《诗经》里已收载题为《甘棠》的诗篇。“甘棠”又名“棠梨”，是野生梨。《周礼》则有采集梨果作祭祀品的记载。1972年至1974年间，考古人员在湖南长沙马王堆发掘的一座公元前168年汉墓里，发现有完好的梨核，表明至少在距今两千一百多年前，中国古人食用梨子已很普遍了，因而尊之为“百果之宗”。

属于蔷薇科乔木的梨，品种十分繁多，可作水果食用者只是其中一小部分。梨树因品种不同，其果实成熟时间不尽一致，通常多在秋季。唐代文学家、哲学家柳宗元(773—819)的诗句:“风高榆柳疏,霜重梨枣熟”(《田家》)，确切描述了梨、枣成熟的时机和景象。再者，梨树品种的不同，其果实的可口性也有着很大的区别，宋代哲学家、诗人邵雍（1011—1077）就很生动地写道："愿君莫爱金花梨，愿君须爱红消梨。金花红消两般味，一般颜色如胭脂。红消食之甘如饴，金花食之颦双眉……"（《食梨吟》）

红消梨又名红笑梨，形大而匀称，红艳而皮薄，香脆而蜜甜，主要出产于河北遵化地区。被奉承为"老佛爷"的慈禧太后，据说喜食此种梨，所以红消梨也被称为"佛见喜"。

中国古人食用梨，体验到它对人体保健的重要功效之一是利大小便，所以，"利"加"木"字就成为"梨"字了。也正因梨的通利性能，所以古人称它为"快果"，有趣的是，清代诗人黄景仁（1749—1783）根据梨的"快果"别名，将性格爽快的人称为"快人"，把别名为"快果"的梨与性格爽快的人相互联系并论，赋诗"结友须快人，食果须快果"（《谢程石缘馈梨》），成为食梨之佳话。

生津、清热、润肺、化痰、止咳，是梨子的又一重要功效，"梨膏糖"就是根据此特点调制的成药。相传唐代名相魏征（580—643）之母患咳嗽，因医家诊治的处方中有苦味药而拒服，以致咳嗽症状缠绵。魏征想到梨子有化痰止咳效用，于是嘱侍者将梨子与蜂蜜熬制成膏给母亲服用，结果咳嗽得愈。后来，历代中医分别将具有清热、润肺、化痰、止咳的药物，诸如杏仁、川贝、枇杷叶、桔梗、半夏、款冬花、薄荷、陈皮、前胡等，与梨子、蜂蜜、冰糖熬制成化痰、止咳的“梨膏糖”，此成药至今仍常被采用，历久弥新。根据中医学理论，梨子主要适于热性咳嗽者食用。

据现代科学研究得知，梨含碳水化合物（果糖、葡萄糖、蔗糖），蛋白质（天门冬氨酸、芳香氨基酸、谷氨酸、苏氨酸等），维生素（A、B_1、B_2、C、E等），矿物质（钙、磷、钾、钠、镁、铁等），苹果酸、柠檬酸、叶酸、果胶、纤维素等。梨子的碳水化合物物质，有保护肝脏的作用；其配糖体有祛痰止咳和保护咽喉作用；其多酚物质，有助于防治癌肿；其果胶与纤维素，有防治便秘功效。有报道说，进食煮熟的梨，有助于肾脏排泄尿酸，因而有益于预防痛风、风湿病和关节炎。由于梨子含有碳水化合物，糖尿病患者宜慎食。另因梨含果胶，而中医学认为梨属寒性，肠炎与大便溏薄者也应暂时少食生梨。

梨之于人类，不仅其果实可供食用和防治疾病，它还与中国古代文化有一定关联。古代汉语有“梨园”

一词，它的产生据说是李隆基（685—762）位居唐明皇时期，在长安教练培训宫廷歌舞演艺人员的地方，该处可能是栽有多量梨树的园林。后来，“梨园”成为戏班的代称，“梨园弟子”则成为戏曲演员的代称。

保健有殊功　葡萄和葡萄酒

在世界各种水果之中，葡萄是佼佼者，据报道，它的栽培历史最早、种植面积最广、全球产量最多、保健功效极高。

葡萄为葡萄科多年生藤本攀援植物，据考古学家与植物学家考证，人类栽种葡萄的历史，迄今至少有四千年了，最早栽培葡萄地区，为地中海和里海沿岸一带。因葡萄对生长环境适应性较强，自两千多年前起，它被陆续传播到五大洲许多地方，至20世纪，法国、意大利、西班牙等国已成为葡萄与葡萄酒最大的生产和消费地区。

中国境内，野生葡萄早已有之，境外良种葡萄之传入中国，史籍认为在汉代，西汉司马迁《史记》载说是西汉张骞出使“西域”回国时带回：“大宛（位于中亚，盛产葡萄、苜蓿等）……有葡萄酒，富人酿酒至万余石，久者数十岁不败。汉使取其实来……”唐代段成式《酉阳杂俎》也记述：“（葡萄）实出大宛，张骞所致，有黄、白、黑三种，成熟之时，子实逼侧，星编珠聚，西域以酿酒……”明代李时珍解释葡萄名称说：“葡萄《汉书》作蒲桃，可以造酒，人酩饮之，则陶然而醉，故有是名。”

对于葡萄的性味，三国时期建立魏国的魏文帝曹丕（187—226），较早高度评价良种葡萄“甘而不饴，酸而不酢，冷而不寒，味长汁多，除烦解渴……他方之果，宁有匹之者乎？”（《魏文帝集》）

葡萄的治病功效，汉代及其后的中医文献屡有述及。东汉《神农本草经》说：“葡萄味甘平，主筋骨湿痹，益气，倍力，强志，令人肥健，耐饥忍风寒，久食轻身，不老延年。”其后，《名医别录》说葡萄“逐水，利小便”。明代《滇南本草》说葡萄“大补气血，舒筋活络……汁治咳嗽”。

20世纪80年代以来，学者们对葡萄及其制品进行深入地科学研究，获得了更多相关知识，发现并证实了它们对人体保健抗病的更广泛作用、更良好之功效。

葡萄品种繁多，一般而言，成熟的鲜葡萄含水分百分之六十五至百分之八十五，碳水化合物（主要为葡萄糖、果糖）百分之十五至百分之二十五，有机酸（主要为苹果酸、酒石酸)百分之零点五至百分之一点五，其他成分有蛋白质、维生素（A、B_1、B_2、B_{12}、C、E等）、食物纤维、卵磷脂、柠檬酸、矿物质与微量元素（钙、磷、铁、钾、钠、镁、硒、锰）。红葡萄和紫葡萄含较多色素与单宁酸。葡萄上述的各种成分，不同程度补充了人体所需，对维护正常生理功能、提高免疫力、降低胆固醇、延缓衰老以及美容等，均很有裨益。

葡萄干与鲜葡萄比较，水分减少很多，维生素C也有所损失，其他营养价值基本相似，而有些成分如钾、铁、硒、磷、锰的含量之比重却有所增高，所以某些保健价值也相应提升。病后体弱、头晕乏力者，早、晚嚼食紫葡萄干三十克，是一种有益食疗。还有人认为长时间操作电脑者，适量嚼食葡萄干，有助于减轻疲劳和眼涩。2005年6月8日，在美国亚特兰大举行的美国微生物学术会议上，芝加哥伊利诺斯大学分校的克莉斯汀·吴（Christine Wu）教授报告认为，葡萄干含有齐墩果酸、桦木醇、白桦脂酸等五种抗氧化植物素，能减缓龋齿和牙周病的细菌滋长，并防止细菌长时间粘于牙齿表面形成牙菌斑，因而减少蛀牙发生。

葡萄皮和葡萄子，尤其是后者，含有丰富的原花色素（Oligomeric Proanthocyanidins，简称OPC），科技界从葡萄子中提取、浓缩的原花色素，是历史上迄今发现并成功地取自植物中的最高效抗氧化剂之一，它具有多方面优点：易被人体吸收；促进人体对维生素C再利用；高效清除人体内的自由基；抑制低密度脂蛋白氧化等。服用上述物质后，将明显增强体质，改善脑神经、心血管、呼吸、消化、排泄、生殖、五官、皮肤、肌肉、骨骼、关节，以及抗病、抗过敏等各方面功能。正因葡萄皮上述良好功效，不少人力主在食葡萄时把葡萄皮一起食进，这固然对人体有益，但务必洗涤清洁，避免吃进残留于葡萄皮上的农药。

用葡萄酿制的葡萄酒，从对人体保健而言，红葡萄酒优于白葡萄酒，其乙醇含量通常为百分之九点五到百分之十五，并且含糖分、多种氨基酸、酒石酸、苹果酸、柠檬酸、包括白藜芦醇（resveratrol）在内的多酚类化合物、挥发性芳香物质、维生素（B_1、B_2、B_{12}、C、PP）、矿物质（钙、铁、钾、钠、镁）等。而更为重要的是，含有较多量具有抗氧化作用、能延缓细胞老化的类黄酮物质。研究者认为若长期每日恰当地饮葡萄酒一至两小杯，对防治心脑血管疾病有益。还有，葡萄酒中所含离子化的酸，有利于蛋白质消化；单宁酸能促进消化道黏膜绒毛蠕动，减少便秘；葡萄酒中的B族维生素，有助于激活肌体活动，并调节激素分泌。

中国现存古代文献中，记载亲身体验到葡萄酒有益于保健、应适量饮用者，康熙是第一人。他在《庭训格言》中，多次谈论了酒，他说："酒之为用也，所以祀神也，所以养志也，所以献宾也，所以合欢也。"他认为，人们生活中固然不能没有酒，然而若沉湎贪杯，则将产生多种不良后果，指出"嗜酒则心志为其所乱而昏昧或致疾病，实非有益人之物"。强调凡饮酒，"不时不节，不可"。所以，康熙虽然幼年时已颇能饮酒，但成年后注意节制，据说"平日膳后或遇年节筵宴之日，止小杯一杯"。

康熙中年以后，外国来华的使者与各方面人士日渐增多，他们往往携带一些洋酒向康熙进贡，其中有人向康熙大力推崇葡萄酒对人体健康之功效。由于他们力陈，康熙遂决定每日试饮适量葡萄酒，经过一段时间后，感到确实很有裨益。因此，在康熙四十八年（1709），他专门论及此事，并被记于《正教奉褒》内："西洋人……在廷效力，俱勉力公事……前者朕体违和，伊等跪奏：西洋上品葡萄酒，乃大补之物，高年饮此，如婴童服人乳之力，谆谆泣陈，求朕进此，必然有益。朕鉴其诚，即准所奏，每日进葡萄酒几次，甚觉有益，饮膳亦加；今每日竟进数次，朕体已经大安。”

如此看来，三百多年前康熙饮服葡萄酒后所体验到的益处，确实“所言不虚”，不过，其时仅知其然，不知其所以然而已。

防病富良效 苹 果

苹果，繁体字原名为蘋果。在当今世界果树之中，苹果树是栽培地区最广、果实总产量最多的果树之一，其果实——苹果，与葡萄、香蕉、柑橘并列为世界四大水果。

苹果树为蔷薇科多年生乔木，是起源古老的树种，据美国农学家、园艺家伯班克（L. Burbank，1849—1926）考证认为，苹果是人类最早采食的野果之一，而在大约公元前 2000 年，人类已把野生苹果树进行栽培，并逐步改良其品种。

苹果树最初生长于欧洲、西亚、中亚、土耳其等一些地区。华夏大地也是苹果树的发源地。考古学者曾在湖北江陵县地区一处战国时代古墓中发现苹果种子，证明中国人食用苹果少说也有两千三百年了。西汉司马相如（前 179—前 117）在《上林赋》里记述的“柰”，据认为是苹果的古名，表明在两千一百年前，中国也有人工种植的苹果了。

汉文“蘋果”名称出现之前，颇长一段时期是借用“频婆”和“频婆果”称之，它们是根据印度古文字“梵文”bimbarab 和 bimba 音译。从“频婆”衍生出“蘋果”之名，具体时间不详。从中国现存古代文献看，该名称最早见载于明代进士王象缙的《群芳谱》，该书撰成于明代天启元年（1621）。

17 世纪，欧洲苹果良种传入美洲，至 19 世纪，美洲人培育出苹果不少新品种。19 世纪中期，欧、美国家苹果良种传入日本。公元 1871 年，美国人把美国苹果良种引种到中国山东烟台；其后，德国人把德国良种也引种到山东胶东地区；继而，俄罗斯、日本等国的苹果良种也陆续被引种到中国。后来，中国植物学家和果农也培育出了苹果良种。

苹果的美味及其有益人体保健的功效，自古以来，就受到人们赞赏。明代文学家谢肇淛《五杂俎·物部》记述：“上苑之蘋婆，西凉之葡萄，吴下之杨梅，美矣！”所谓上苑，是指西汉时的皇帝园林“上林苑”。古人在食用苹果的经历中，体验到它具有生津、润肺、化痰、开胃、耐饥、消暑、除内热、解酒醉等效用。欧、美国家的大众高度评价苹果的益体保健功效，英国的谚语甚至说：An apple a day, Keeps doctors away（一日一苹果，医生远离我）。此谚语虽然过于夸张了苹果的功效，但事实上，它确实为大有益于人体健康的一种水果。

苹果的品种十分繁多（据说已超过七千种），其所含营养成分也就不尽一致，但总体而言，苹果属碱性，它在人体内能中和过多的酸性物质（包括鱼、蛋、肉类及其他多种食物在人体内的代谢产物），从而提高人体抗病力。据报道，苹果的多酚类物质，能抑制癌细胞的增殖；原花青素有预防结肠癌作用；类黄酮物质是高效能的抗氧化剂，既延缓血管硬化及细胞老化，又能抑制癌细胞增殖。

苹果中的果胶和膳食纤维，能防治便秘，促进肠道排出铅、汞等有害物质。果胶在肠道内一方面阻止对胆固醇吸收，另一方面它所分解的乙酸能促进胆固醇代谢，从而减少了血液中的胆固醇含量。

苹果中的苹果酸、枸橼酸、柠檬酸等，能促进人体内的脂肪分解；加之，吃苹果有饱腹感，将减少对其他食物的进食量，因而有助于减肥。

研究者发现，进食苹果（尤其是味酸苹果），能预防血糖骤然升降，起到调节人体血糖水平的一些辅助作用。苹果中的硼元素，在人体内能增加雌激素浓度，减少人体钙质流失，绝经期妇女和老年人经常适量吃苹果，有利于防治骨质疏松。

英国学者发现，常食苹果者，发生哮喘的概率有所降低，推想认为苹果中的黄酮醇对气管和支气管具有保护作用。

对于下消化道疾患，苹果具有辅助治疗功用。无溃疡的结肠炎腹泻者宜食生苹果；慢性腹泻或者大便干结难解者，每日早、晚空腹各吃一只苹果，对症状有一定改善；非感染的水泻患者，吃煮熟苹果有助于止泻。

此外，煮熟的苹果将增加其多酚类抗氧化物质含量，从而提升清除人体内多余自由基的作用，有助延缓衰老。煮熟的苹果，所含碘元素较易被人体吸收，对单纯性甲状腺肿大有辅助治疗作用。生苹果汁能改善咽喉发炎不适及声音嘶哑症状。苹果的钾含量略多，对高血压及水肿患者，有一定辅助治疗效果。红星苹果含硒稍多，对防癌有助益。

将苹果去皮后，捣成泥状，外敷面部，待其干燥后洗去，每日一次，经过一段时日后，能缩小毛孔，减少粉刺，使面部滋润细嫩，起到美容作用。

虽然，苹果对人体益处很多，但不是任何人、任何时候都适宜吃生苹果，例如，胃、十二指肠溃疡和溃疡性结肠炎患者，在急性发作期，其溃疡处的胃壁、肠壁可能变薄，生苹果质地较硬，加上其所含有机酸的刺激，不利于溃疡愈合，并且有可能引起胃、肠穿孔，因此，胃、十二指肠溃疡和溃疡性结肠炎急性发作期患者，最好暂不食生苹果。

怀橘孝亲 橘

“小小金坛子，装满黄饺子，吃进黄饺子，吐出白珠子。”这是一则民间歌谣式的谜语，指的是橘子。

橘，俗称桔，是很古老的多年生芸香科植物，华夏大地是橘树主要发源地之一。中国古人食用橘子并且将野生橘树进行人工栽培，历史悠久。

橘的得名，明代医药学家李时珍解释说：“橘从矞，谐声也。”并且又根据橘子果皮赤色，果瓤黄色，剥开橘子皮之后，给人以“香雾纷郁”的感觉，认为它如同彩色“矞云”似的“外赤内黄，非烟非雾，郁郁纷纷之象”。

橘与中华文化有着密切关系，历代文人有关橘树和橘子的文章与诗赋甚多。

唐代诗人白居易（772—846）赋诗《拣贡橘书情》：“洞庭贡橘拣宜精，太守勤王请自行；珠颗形容随日长，琼浆气味得霜成……”之后跟他和诗者有：周元范《和白太守拣贡橘》：“离离朱实绿丛中，似火烧山处处红……”张彤《奉和白太守拣橘》：“凌霜远涉太湖深，双卷朱旗望橘林；树树笼烟疑带火，山山照日似悬金；行看采掇方盈手，暗觉馨香已满襟……”诗中对橘树生长环境、橘子成熟时节、橘果丰收及其馨香怡人之情景，作了生动描述与咏赞，趣味盎然。

中国有关橘的史事之中，“怀橘”典故与《永嘉橘录》专著，是特别值得稍详叙述者。“怀橘”渊源于三国时代对天文、历算颇有造诣的陆绩（187—219）幼年时的一则故事。《三国志·吴志·陆绩传》：陆绩的父亲陆康，与袁术熟稔。有一次，六岁的陆绩到袁术家做客，袁家以橘子等果品招待，期间陆绩趁主人不注意时，悄悄地取了三只橘子藏在怀里，打算带回家给母亲尝尝。之后，陆绩向袁术告辞，在弯腰作揖致谢时，藏在怀里的橘子突然滑落到地上，袁术见此即问陆绩，此为何故？陆绩羞愧不已，当即跪下据实以答，袁术得悉其实情，深为感动。后来，由此所衍生的“怀橘”一词，成为古人思亲、孝亲之典故，并被列为古代“二十四孝”之一。而且，有人在写作的诗句中，特嵌入“怀橘”一词，以增诗情，唐代文学家骆宾王（约

640—？）《畴昔篇》“茹荼空有叹，怀橘独伤心”，即为一实例。

《永嘉橘录》，又称《橘录》，南宋韩彦直撰著。自古以来，永嘉郡（相当于今浙江温州地区）盛产良种柑橘。韩彦直于南宋绍兴十八年（1148）考中进士后，做过较长时间永嘉太守，期间他对该地区生长的柑橘品种深入考察，总结果农对柑橘的种植、防虫、管理，以及对柑橘果实的采摘、加工、入药、贮藏等方面经验与知识，于南宋淳熙五年（1178）撰成《永嘉橘录》三卷，出版后成为中国也是世界上第一部内容丰富的柑橘专著，该书问世八百多年以来，历经数次刻版、排版重印，长期流传，被中外不少学者的著述摘录引用。1923年，《橘录》还被译成英文出版。1942年，美国植物学家霍华德·利德（Howard S. Reed）编著《植物学简史》（*A Short History of the Plant Sciences*），书中引述了《橘录》一部分内容，并且对韩彦直关于柑橘树的整枝、防虫害、柑橘果实的采收与贮藏等的记述，作高度评价。可见，《永嘉橘录》影响之深远。

其实，早在南宋以前一千多年，中国柑橘佳果已受到一些外国人士的赞赏。据说西汉时，古波斯人把中国柑橘引种到波斯国（今伊朗），之后，它陆续被传播到阿拉伯国家、土耳其、希腊等国，以及欧洲气候温暖的沿海地区。8世纪唐代时，日本僧人田中间守到浙江天台山国清寺学习佛学，后来他回国时，把出产于天台山的味甜、质嫩、汁多、核少的蜜橘核，带回日本种植于鹿儿岛的长岛村，经过一代又一代培育，不断繁衍改良，获得更优品种，命名为“唐蜜橘”。约在公元14到15世纪，中国良种柑橘被辗转引种到葡萄牙、西班牙、意大利等国，公元18至19世纪，英、法、德等国又从中国直接引种柑橘良种，英国人起初给橘子取的英文名mandarin颇为有趣，竟是采用本来已有含意为“中国清朝官吏”“中国官话”的mandarin；后来，法文和德文称中国柑橘均为mandarine，是由mandarin衍生而来。由于成熟的柑橘果实为橙黄色，因此，英文mandarine和mandarin还兼有橙黄色染料的含义。

中国橘树品种很多，橘子不仅是水果，而且橘子各部分都是中药材。历代中医文献记载，橘子果实、橘饼（成熟福橘加蜜糖制成）、橘皮（又名陈皮）、青皮（橘子幼果及未成熟果实外皮）、橘红（成熟橘子果皮外层红色部分）、橘白（成熟橘子果皮内层白色部分）、橘络（果瓤外表筋络）、橘核、橘叶等，分别有不同程度开胃、理气、清肠、生津、止渴、止呕、润肺、化痰、止咳、散结、止痛等效用。古人采用橘叶防治疾病，还衍生了“橘井”典故。晋代葛洪《神仙传》记述，传说汉代苏仙公去世之前对母亲说：“明年天下疾疫……庭中井水一升，檐边橘叶一枚，可疗一人。”次年，许多地方果然发生疾疫，患者经上法治疗，结果获愈。后来，“橘井”一词，成为良药泛称。

现代科研发现，橘子果实的成分繁多，其中维生素 C 和类黄酮物质很丰富。类黄酮物质中的芦丁在橘络里含量尤多，它和橘皮苷能增强血管弹性，扩张冠状动脉而增加对心脏的血供，同时还有助降低高血压患者的血压。橘子中的单萜、三萜等萜类化学物，是使橘子产生芳香的物质，对中枢神经有镇静作用，能降低机体应激反应，有益于缓解疲劳。橘子中略带苦味的成分“诺米灵”（Nomilin）化学物，能分解致癌物质，而当它与维生素 C 产生协同作用后，将提升人体内的解毒酶含量，更增强抑制癌肿的效用。此外，橘子中的糖分、蛋白质、氨基酸、柠檬酸、枸橼酸、果胶、胡萝卜素、纤维素以及矿物质等，对于人体改善食欲、补血、降低血液黏度、促进伤口愈合、防治便秘等，都有助益。

进食橘子的量应适度。若短时间内进食过量橘子，会使皮肤出现橙黄色，停食后，能恢复皮肤正常颜色。进食橘子后的半小时内，最好不要喝牛奶，因为会使牛奶中的蛋白质发生凝结。返观中国古人曾提醒说，橘子和蟹不可同时进食（例如元代贾铭《饮食须知》所载），是有科学道理的。

渐入佳境　甘　蔗

甘蔗，中国古人很早就食用了，汉代杨孚《异物志》载：“甘蔗……围数寸，长丈余，颇似竹，斩而食之，既甘，迮（榨）取汁如饴饧，名之曰糖。”甘蔗之所以得名，首先是其味甘甜；而“蔗”字的由来，明代医家李时珍引吕慧卿的记述：“凡草皆正生嫡出，惟蔗侧种，根上庶出，故字从庶。”公元 4 世纪初，嵇含《南方草木状》一书称甘蔗为“竿蔗”，是说它的茎如同竹竿之意。

甘蔗既是制糖原料，又可作水果和供医疗。李时珍说甘蔗“（农历）八九月收茎，可留春充果食”。甘蔗汁作药用，中医学认为其味甘能滋补，性寒能清热，具有生津去燥、利咽润喉、止渴止呕、利大小肠、解酒、除心中烦热等功效。饮服甘蔗汁与四分之一姜汤混合之汤液，和胃止呕效果更佳，很适用于治疗孕妇的妊娠呕吐。民间有以蔗汁与葡萄酒各五十克混合内服的方法，早、晚各一次，对慢性胃炎、反胃呕吐者有一定辅助治疗效果。宋代陈直《寿亲养老书》载说，老年咳嗽、口干、唾液黏稠、便秘者，除必要的药物治疗，还可用甘蔗粥食疗。

甘蔗含糖量约为百分之十八到百分之二十，主要为蔗糖、果糖、葡萄糖，后两者甚易被人体吸收利用，蔗汁还含铁、磷、锰、锌、钙、维生素等，故有“补血良果”之美誉。不过，糖尿病患者不宜食蔗。发霉的甘蔗有毒性，更应弃之。

除甘蔗汁内服有保健治病功效外，甘蔗渣还有外用医疗价值。明代兰茂《滇南本草》介绍，甘蔗捣烂可外敷医治疖子脓肿。清代赵学敏《本草纲目拾遗》记载，把干燥蔗渣煅炒研成细粉末，遍洒于皮肤溃疡处，能促进其愈合。

甘蔗不仅在人类生活及医疗上有诸多用途，它还和中国文化有一些关联，中国历史上，曾有过文化名人食蔗的趣事。东晋时，工于诗赋、书法，尤精绘画的顾恺之（约345—406），嚼食甘蔗是从尾部开始的，逐渐推进到头部（根部）。《晋书·顾恺之传》载：“恺之每食甘蔗，恒自尾至本，人或怪之。云‘渐入佳境’。”顾恺之的食蔗法与众不同，后来有人以“蔗尾”一词比喻为先苦后甜，情况越来越好，元代李俊民在《游青莲》诗中，就写有“渐佳如蔗尾，薄险似羊肠”之句。此外，还有人以“蔗境”一词比喻为人生晚景的美好，例如宋代赵必豫《水调歌头·寿梁多竹八十》词：“百岁人有几？七十世间稀。何况先生八十，蔗境美如饴。”

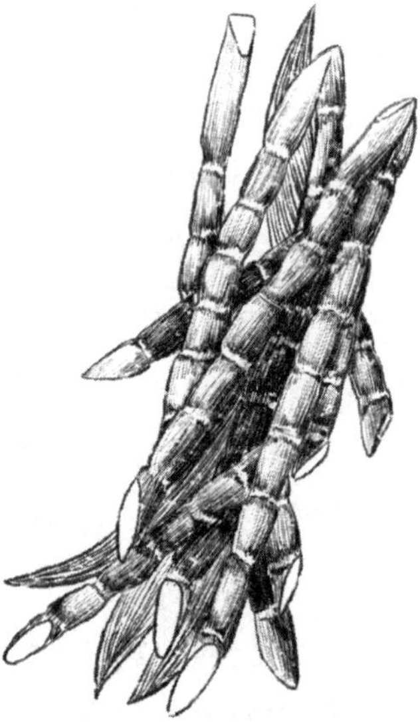

开胃消脂　山　楂

山楂，中华大地之特产。可供食用的良种山楂，以宜人的酸甜滋味、丰富的营养价值、广泛的保健功效，成为千百年来中国人民喜爱的食品。

起源古老的山楂，起初不称“山楂”，距今两千年前的汉初，《尔雅》简单提到的朹（读音 qiú），据认为是中国早期文献记载的山楂古名。明代李时珍根据晋代学者郭璞的注释引述，“《尔雅》云‘朹树如梅，其子大如指头，赤色似小柰，可食。’此即山楂也。”

根据植物学记载，山楂属蔷薇科多年生木本植物，品种繁多，以中国大范围而言，有南山楂、北山楂两大类，然而，中国各地生长的山楂，其品种与名称不下三十种，诸如酸楂、山查、山里红、棠棣子、红果、脂果、仙果、赤枣、赤爪、猴楂、鼠楂等。李时珍对有些名称作了解释：

山楂味似楂子，故亦名楂；猴楂、鼠楂之名是因猴、鼠喜食；赤爪是与赤枣音讹所致。

中国古人采集山楂，既供自食，还用它作为礼品赠人，唐代文学家柳宗元（773—819）所写诗句："俚儿供苦笋，伧父馈酸楂"（俚儿即村童，伧父指乡民），可为佐证。

中国人民取山楂作果品食用，逐渐体验到它对人体的某些保健作用，但是直到元代医家朱丹溪（1281—1358）予以强调之后，才引起其后医家和人们的重视——"自丹溪朱氏始著山楂之功，而后遂为要药"（见载李时珍《本草纲目》）。

元代以后，中医文献有关山楂功效的记述，主要为生津、开胃、消食、活血，可用于治疗消化不良、食物积滞及腹胀，月经不调、痛经、产后恶露不尽，腰痛等；以山楂加水煮汁，可用于洗治皮肤因漆过敏引起的皮炎和止痒。

李时珍曾着重推介山楂对食物积滞之消化功效：若食后不消化、腹胀者，嚼食山楂果仁两三枚，能获良效。对此，他特别记述一实例：邻居小儿"因食积黄肿，腹胀如鼓，偶往羊杌树下，取食（其果实）至饱，归而大吐痰水，其病遂愈。"所谓"羊杌"，即是山楂。

清代医家张锡纯（1860—1933）称赞山楂对月经不调

的治疗之功，他在所撰《医学衷中参西录》中写道："女子至期，月信（即月经）不来，用山楂两许煎汤，冲化红蔗糖七八钱，服之即通，此方屡试屡效；若月信数月不通者，多服几次亦通下。"张氏高度评价山楂对月经不调的疗效。当然，从现代医学观点而言，山楂不是对各种病因所致月经不调均有效。尤其是器质性病变所致者。

山楂不仅作单味药治病，更多的是与其他中药组成各种方剂，著名者如朱丹溪创用的"保和丸"，山楂是其中"君药"，配以神曲、半夏、茯苓、陈皮、连翘、莱菔子（萝卜子），制成丸剂服用，主要用于治疗胃肠道消化不良、恶心厌食，食物（特别是肉食）积滞及其引起的腹胀疼痛、大便不通等。

自古至今，中国人民用山楂保健治病，还有不少简便方法与经验，据报道：取糯米与山楂煮粥，用于食疗消化不良、胃肠道食物积滞及所引起的腹胀；取炒山楂五枚、炒麦芽十克，加水煮成山楂麦芽茶，饮服可帮助消化因过食米面与油腻食物引起的胃肠道食物积滞及腹胀；服山楂汁治疗频发呃逆，每次十六毫升，每日三次，通常服一二天能获效；取山楂十五克、鲜荷叶五十克，加水煎汁饮，用于高血压症的辅助治疗；以山楂十克、菊花十克、决明子十五克，加水煎汁饮，用于高血脂的辅助治疗等。

由于山楂对肉类食物的良好促消化作用，中国古人很早就利用山楂果实烹煮肉类以缩短煮熟时间，李时珍根据前人所撰《物类相感志》引述：煮老鸡、硬肉，（投）入山楂数颗即易烂。古人积累的此种生活经验，至为实用、宝贵。

据现代科研报道，成熟山楂果实的成分，主要含多种有机酸（山楂酸、柠檬酸、苹果酸、齐墩果酸、绿原酸、鞣酸等）、黄酮类物质、三萜类化合物、儿茶酚、解脂酶、乙酰胆碱、膳食纤维、碳水化合物、蛋白质、脂肪、维生素（A、B_1、B_2、C、E 等）、微量元素（钙、磷、钾、铁、硒等）。

山楂酸具有抗菌、抗炎、抗肿瘤、抗艾滋病病毒等作用。西班牙学者研究发现，细胞感染艾滋病的病毒，在丝氨酸蛋白酶作用下，会被释出扩散到其他细胞，山楂酸则能抑制丝氨酸蛋白酶的活性。苹果酸有益人体免疫功能、口腔保健和滋润皮肤。齐墩果酸有助降低血清谷丙转氨酶活性、促进肝细胞再生、抑制肝纤维增生等，从而改善病毒性肝炎和慢性迁延性肝炎患者之症状。绿原酸有助清除使人体老化的自由基、抗脂质过氧化作用、抑制细胞变异、保护肝脏、解痛、抗病毒和抗癌等。

山楂中的类黄酮成分能抗御对人体有害的自由基、强化细胞膜、使受损细胞再生、保护肝脏、抗过敏、防血栓、调节免疫功能、抗炎、抑制癌肿、延缓人体衰老、改善妇女更年期综合征等。山楂中的三萜类化合物，能扩张血管并增加血流量、增强心肌功能、防止心律不齐、降低血清胆固醇、抗炎等。

山楂所含儿茶酚，能分解脂肪、抗氧化、消炎等。解脂酶有分解消化脂肪作用，具有促进胃液分泌、提高胃消化酶功能。所含胆碱是构成卵磷脂成分之一，是乙酰胆碱的前体，具有促进脑组织发育、维护记忆力、促进脂肪代谢等作用，有利于降低血清胆固醇和治疗肝炎等肝病。

山楂所含果胶，能把进入人体肠道内的放射性物质吸附排出体外。所含膳食纤维、碳水化合物、蛋白质、多种维生素和微量元素，也都有益于人体保健及防治疾病。

山楂的用途，还体现在山楂果实经加工后产生的多种食品，诸如山楂汁、山楂酒、山楂酱、山楂糕、果丹皮、山楂片、糖葫芦、山楂果脯等，它们丰富了人们的休闲生活。

说到果丹皮，特别值得一叙的是，它在中国历史上曾被巧妙地用于军事上传递情报与军令。

据载，17 世纪时，蒙古四部之一的准噶尔部首领噶尔丹（1644—1697），于公元 1688 年前带兵吞并蒙古其他三部之后，从 1690 年 6 月至 1697 年 3 月间，数次进犯内蒙古一些地区，康熙皇帝从 1690 年（康熙二十九年）7 月至 1697 年（康熙三十六年）3 月间，三次亲临前方，指挥数位将领率军分三路征讨噶尔丹部，清军为防止泄露情报及康熙发出的征战指令，将它们用墨汁秘写于果丹皮上，卷成圆筒，在康熙与各将领之间由专人传递，各将领与有关人员看完情报和密令后，将果丹皮吃掉灭迹。对此，1697 年 3 月跟随康熙征战噶尔丹的诗人、书法家高士奇（1644—1703），在行军宁夏途中，赋有《果子单》一诗："绀红透骨油拳薄，滑腻轻碓粉蜡匀。草罢军书还灭迹，咀来枯思顿生津。"高士奇在诗的自注中写道：山楂煮浆为之，状如纸薄，匀净，可卷舒，色绀红，故名果子单，味甘酸，止渴。"据说，康熙看了《果子单》诗句后，认为很贴切，称赞"怡色怡味，达心达情"。

高士奇诗中写到的"油拳"与"粉蜡"，分别是唐代和宋代著名的优质薄纸名称，用以形容用于书写情报、密令的果丹皮，薄而半透明，这些果丹皮吃进嘴里后，既使干渴的口腔立刻生津滋润，又能把作战情报、密令灭迹。而那时候用于书写的墨汁，所用之墨，主要是用燃烧松树产生的烟灰制成，此种墨同时也是一种中药，《本草纲目》

记载它有“止血、生肌肤、合金疮”之功效。所谓“合金疮”，是说促进受金属刀枪创伤的伤口愈合。因此，用果丹皮书写军事情报，在那个时期，确有一举数得之妙。

最后需提及者，山楂固然对人们保健和日常生活有益，但不是每个人或任何时候都可食，它酸度高，最好不要空腹食，尤其是胃酸过多者；胃或十二指肠溃疡、龋齿、大便溏薄者，不宜食山楂；山楂有刺激子宫收缩的作用，孕妇不可食山楂，以避免可能引起的流产或早产。有报道说，山楂不宜与牛奶、海鲜同食，因可能引起胃结石。还有一种说法，服用人参等滋补药期间，不要同时吃山楂，推想滋补药的效用可能被减弱。因此，食用山楂因人因时而异，并且还需注意食之恰当，以取得良好效益。

祥和之喻　羊

羊，是中国古人很早就畜养的“六畜”之一，虽然，羊分为山羊、绵羊两大类，但统称为羊。中国古人观察到：羊羔（子羊）吸吮母羊乳汁时，是屈曲双膝的姿态，因此创造了“跪乳”一词，并把羊称为“孝兽”，进而引申到人类的儿孙辈，也应永记报答父母、祖父母长辈养育之恩。对此，南宋大臣、文学家文天祥（1236—1283）在其《咏羊》诗中，写有“跪乳能知报母情”之名句。

正因为上述情况，加上羊的生性“温驯”，所以羊是中国人民畜养的动物中很受重视之一种，东汉《说文解字》解释说：“羊，祥也”，把羊视为吉祥之物，因而有“羊”字参与组成的美、善、养、羡等字，都是表示美好善良、养育之意。

“羊”和“鱼”组成的“鲜”字，据《说文解字》记述：“鲜，鲜鱼也，出貉国。”可见，“鲜”字最初是一种鱼的名称，大概是汉代时，特产于貉国的“鲜鱼”，味道很美，进而，“鲜”字代表味美。后来长时期里，中国人民在生活实践中，把羊肉和某些种类的鱼一起烹饪，能做成美味的菜肴，于是，“鲜”又被解释为鱼和羊肉同烹饪即能产生美食。

然而，羊也有不小的缺陷，那就是它有着浓重的膻臊气味，《说文解字》说：“羶，羊臭也。”总体而言，山羊、公羊、老羊的羶臊气味较重，并且，羊的羶臊还和它的生长环境有关。为消除或减少羊肉羶臊气味，几千年来，中国民间在生活实践中发现了不少行之有效的办法。诸如：取一些葱、姜、料酒、胡萝卜（或白萝卜）与羊肉同煮二三十分钟后，取去姜、葱、萝卜，然后再单独煮熟羊肉；或者把三四个打破壳的核桃与羊肉同煮；或者以橘皮、红枣和羊肉同煮；或者取草果与羊肉同煮，等等。现代科研得知，羊肉的羶臊气味是其脂肪中的4-甲基变酸所散发出。

据学者对羊肉和牛肉、猪肉研究比较：羊肉的蛋白质和所含人体必需氨基酸、维生素（B_1、B_2、B_6）、钙、锌、硒及热量高于后两者，胆固醇和叶酸含量低于后两者。其他营养成分大致相近。羊肉的肉质较细软，较易消化吸收，并有促进产妇乳汁分泌作用。

羊的乳汁和牛乳汁比较：前者蛋白质、脂肪、尼克酸、钙含量高于后者；羊乳汁的蛋白质颗粒和脂肪球小于牛乳汁，较易被人体消化吸收；羊奶的不饱和脂肪酸多于牛奶，并有较好乳化状态，也有助消化吸收；羊奶有较多阿尔法（α）乳清蛋白，较少酪蛋白，较少引起过敏反应；羊奶球蛋白含量高于牛奶，故免疫力高于牛奶。羊奶缺点为缺乏叶酸。

羊肉固然对人体保健有诸多益处，但食用应得法，据报道，羊肉与冬瓜、白萝卜、白菜、姜搭配烹饪食用较合适；羊肉不宜与竹笋合烹饪，因后者会破坏维生素A；食羊肉后，不宜立刻进食含鞣酸量多的食物，避免排便不畅或便秘；发热、牙疼、口舌发炎者，暂不食羊肉等。

中国古人养羊，不仅取羊肉和羊乳食用，以羊皮、羊毛御寒，还把它用于祭祀。中国人民食用羊肉过程中，发现它能调治人体虚冷、劳损、羸瘦和恶心腹痛等，一千八百多年前，东汉名医张仲景创用的“当归生姜羊肉汤”是温中补虚名方，对产妇体虚、羸弱、腹痛有良好疗效，至今仍为人们常用。

不仅羊肉有多种食疗作用，羊体不同组织多可供药用。

羊肝明目。羚羊角有镇静、清热、解毒作用，可用于高热谵语、目眩痉厥、狂躁不宁的治疗。中国古人创用羊胫骨灰与其他中药细末调配成刷牙粉，有洁牙固齿功用，明代王肯堂《证治准绳》记载推荐的“牙粉”，其中就包含了羊胫骨灰。

羊吃草过程中，有时因吃进了有毒植物发生中毒症状，人们观察到此种情况后，逐渐地认识了某些植物的性能，例如对“羊踯躅”的认识即是如此。西晋崔豹《古今注》：羊踯躅花，黄羊食之则死，羊见之则踯躅分散，故名“羊踯躅”。正因羊踯躅的毒性，所以它又有“闹羊花”“羊不食草”之称，人们也因此认识到，若将羊踯躅作药用，须特别谨慎。

古代，羊还曾被中医用作动物实验。清代医家张倬在《张氏医通》里记载治疗白内障的金针拨障术时，要求施术者需双手均能熟练操作，为此，强调施术者必须先在羊的眼球上反复练习，使双手能运用自如，庶几无误。同时，采用的针具也是必须先在羊眼球上试用，确证针具达到安全、便利和适用的要求后，方可正式用于针拨白内障治疗。

羊在西医学上的主要贡献，其一是在一段时期里供制造抗毒血清。1891 年，德国细菌学家贝林（E.A. Behring，1854—1917）最先用于救治白喉病危者的白喉抗毒素，就是采用羊抗毒血清制成。其二是西医外科对手术伤口的缝合，相当长时期是采用羊的肠组织制成的“羊肠线”，它具有易于被人体吸收之优点。其三是西医学有些新设计的手术，先在羊身上试验，待获得完善效果后，才在人体上施行。其四是有些新研制的西药，先在羊身上试用，以测知其有效剂量及毒副作用。由此可见，羊对于人类的贡献大矣！

东坡之好 猪 肉

中国古人豢养动物，通常有“三牲”与“六畜”之称谓，前者指牛、羊、猪；后者指马、牛、羊、鸡、狗、猪。在“三牲”和“六畜”中，猪虽然都排在末尾，可是它并未被忽视，对此，汉文“家”字可作重要佐证。东汉许慎《说文解字》对“家”字的解释：“家，居也。”而“家”字的结构中有“豕”字，“豕”的含义为“猪”，由此推想，“家”字最初是指猪舍。中国古人的居处何以采用有“豕”字构成的“家”字？清代文字训诂学家段玉裁（1735—1815）《说文解字注》，对“家”字的注解认为：“豢豕之生子取多，故人居聚处借用其字。”由此看来，因为母猪每胎能产下猪仔多只，人的居处借用“家”字，是冀望能生育众多子女，也就是说希望“人丁兴旺”。也正因如此，后来陆续产生了“人家”“居家”“安家”“成家”“合家”“发家”等等词汇。

中国古人豢养猪，可作为祭祀的供品之一，但主要是供食用，除了一些特殊情况者，历来喜食猪肉者不计其数，北宋著名文学家苏东坡不仅常食猪肉，还专门写了《猪肉颂》。

公元 1079 年，苏东坡因写讽刺诗被判“谤讪朝廷”罪入狱，次年虽获释，却遭贬谪降职黄州。黄州地方老百姓豢养的猪，肉质上乘，价格低廉。苏东坡贬居该地期间，常常购回猪肉亲自烹煮进食，在此期间，他兴味盎然地写作了《猪肉颂》:“净洗锅，少著水，柴头罨烟焰不起。待他自熟莫催他，火候足时他自美。黄州好猪肉，价贱如泥土。贵人不肯吃，贫人不解煮。早晨起来打两碗，饱得自家君莫管。”

《猪肉颂》既表明苏东坡对黄州猪肉的赞赏，同时也总结了他烹饪美味猪肉的经验。其要点是，把洗净的猪肉切成块，拌佐料一刻后，置于洗净的锅内，加适量水，用文火慢慢炖焖，待猪肉渐渐烂熟酥软，其味自然醇厚香美。后来，人们把苏东坡烹饪的红烧肉冠以“东坡肉”美名。

苏东坡烹饪红烧肉，本意是使肉质不腻而味美，易于嚼咽消化，而如今看来，它还有更符合保健要求的深一层意义。现代学者研究得知，兼夹有肥肉的猪肉（五花肉），经过文火长时间炖焖之后，其中原来含量甚高的脂肪酸和胆固醇将减少。日本学者调查发现，冲绳县居民平均寿命明显高于日本全国平均寿命，这虽有多方面因素，但有一值得研究的情况是，该县居民平时多喜食肥肉，即使是八十岁以上老年人也如此。经进一步考察发现，冲绳居民进食的猪肥肉是在文火中炖过两三小时，此种猪肥肉里据说对人体有害的胆固醇减少了许多，饱和脂肪酸减少百分之三十到百分之五十，而对人体健康有益的不饱和脂肪酸反而有所增加。因此，日本学者认为，冲绳居民常食经过长时间炖焖的猪肉，很可能也是长寿因素之一。

虽然，猪有许多品种，各品种的猪肉成分不完全一致，但据科研报道，就总体而言，猪肉富含蛋白质、脂肪，少量碳水化合物，还含维生素（A、B_1、B_2、B_6、D、E）、矿物质（磷、钙、铁、钾、钠、铜、锌、硒）等。猪肉蛋白质中包含了比较接近人体的八种必需氨基酸，它们比较易于被人体吸收利用；猪瘦肉所含铁质和能促进铁质被人体吸收的半胱氨酸，有助于补充人体有机铁质。包括猪肥肉在内的适量动物脂肪，对维护人体健康能产生若干重要作用，诸如有助于人体对维生素 A、E 等脂溶性物质的吸收；适量动物脂肪参与调节人体内分泌系统功能，其所含四烯酸与亚油酸、亚麻酸等合成具有重要生理功能的前列腺素，并且参与合成性激素。

适量脂肪与人体正常新陈代谢有密切关系，若长期缺乏，人体长期处于低胆固醇状态，其可能后果：一是导致锌、锰等微量元素欠缺，致使味觉减退、食欲不佳、骨质疏松、牙齿易脱落、伤口难愈合等；二是脾气变急躁；三是防御癌肿的机能减低。

从美容的角度而言，适量进食动物脂肪能促进皮下组织的弹性，猪肉皮内含有多量胶原蛋白，此种物质进入人体组织细胞后，能延缓衰老与抗癌作用；胶原蛋白还能吸收和保持水分，使皮肤光滑亮泽。

因此，除对红烧肉确需禁忌外，通常不必顾虑重重而“忌口”。但需强调的，一是烹饪要恰当，忌烧焦烧糊；二是进食应该适量，忌进食过量。力求消除其不利因素，发挥其有益作用，以葆健康长寿。

“稽晨”得名 鸡

中国古人很早畜养的“六畜”里，鸡是其中唯一禽类，鸡之得名，《本草纲目》引前人徐铉的说法：鸡者稽也，能稽时也。东汉许慎《说文解字》解释说：“鸡，知时畜也。”因为雄鸡每晨鸣叫报晓，能稽时辰，所以古人取了与“稽”同音的“鸡”字。还值得一提的是，两千年前《周礼·春官》记载，宫廷内设有“鸡人”官员，掌管“供鸡牲大祭祀、夜呼旦”的职责。

中国古人畜养鸡，除了供祭祀与报晓之外，另一重要用途是作菜肴和疗病。鸡对人体的保健治病作用，综合古代中医文献记载，主要者如：丹雄鸡有补虚、温中、止血、止尿频等作用；黑雌鸡主治反胃、风寒湿痹、安胎。对于妇女月经量过多或长时间滴漏、产妇虚羸乳汁少，食鸡有补益作用。鸡血有祛风、通络、活血作用。清代袁枚《随园食单》介绍，新鲜鸡血凝块后切成细条，“加鸡汤、酱、醋、索粉作羹，宜于老人”。鸡内金（鸡砂囊内壁）有健胃、助消化、治呕吐、疗疳积等作用。此外，民间有采用喝鸡汤治疗伤风、感冒的经验，据说有一定效果。

据现代科学分析，鸡肉含蛋白质（包括人体所必需的氨基酸八种及其他氨基酸多种）、脂肪、磷、钙、铁、硒、硫胺素、核黄素、尼克酸、生育酚、胆固醇等。鸡内金含胃激素、角蛋白和数种维生素，口服干燥鸡内金粉，能增加胃液分泌和胃酸，促进胃蠕动，减少胃内食物积滞，能治疗消化不良、胃胀与呕吐。鸡软骨中含多量硫酸软骨素，是弹性纤维中重要成分，常食鸡软骨，能使皮肤细腻，减少皱纹。

鸡蛋对人体有着很高的保健价值，学者们研究得知，鸡蛋含有人体所需要的多种营养物质。鸡蛋蛋白质与人体蛋白质的组成接近，它被人体吸收率，能达到百分之九十五以上，明显高于人体对牛奶、猪肉、牛肉等食物中的蛋白质吸收率。鸡蛋内的脂肪主要在蛋黄里，它含有多量卵磷脂、甘油三酯、胆固醇、蛋黄素。卵磷脂在人体内被消化后所释放出的胆碱，是维护人体神经系统功能以及记忆力的重要物质。蛋黄中的卵磷脂能促进人体新陈代谢与肝细胞再生、提升血浆蛋白量、降低血清胆固醇量。鸡蛋中的维生素 A、硫胺素、核黄素、维生素 E、磷、钙、镁、锌、硒等，对提高人体生理功能和免疫力都很有裨益，尤其是微量元素硒，更有助于减少癌症的发生。鸡蛋黄含多量胆固醇，其中包括俗称为“不好”和“好”的胆固醇，但通常认为每天食一枚鸡蛋还是合适的。

虽然，食鸡对人体有补益，但有些人不宜食鸡或喝鸡汤，例如肾功能不全之患者，其肾脏不能及时正常处理蛋白质分解物，将加重高氮质血症与病情。胆囊炎、胆石症患者，喝鸡汤后，其中脂肪的消化需胆汁参与，因而刺激胆囊收缩，这可能加重胆道疾病症状。此外，喝鸡汤后，会刺激胃酸分泌，胃酸过多者也不宜多喝鸡汤。

补中清热　鸭

鸭，是中国古人在很早年代就豢养的家禽。鸭的名称和某些别名，其由来颇为有趣。春秋时代，对鸟类和禽类之形态与生活习性进行过颇多观察的晋国乐师师旷，在所撰《禽经》（师旷目盲，大概是托名的唐宋时代著作）里认为，鸭因鸣叫“呷呷”（读音之一 gā）而得名。鸭的古名“鹜”（读音 wù），是指家鸭；“凫”（读音 fú），原是指野鸭，但后来也指家鸭。鸭的别名“舒凫”，据清代嘉庆年间进士、考释名物专家郝懿行（1757—1825）的解释：“谓之舒者，以其（鸭）行步舒迟也。”宋代陶穀在《清异录》里提到鸭的另一别名“减脚鹅”，他引御史符昭远所说：鸭颇类乎鹅，但是脚短，宜谓之减脚鹅。

虽然，中国古人很早就豢养鸭，但它在中国古代的“六畜”之中“榜上无名”，鸡却赫然在其中（马、牛、羊、鸡、狗、猪），重要因素之一可能是鸭比鸡的臊味重，因而人们通常更喜食鸡。《左传》襄公二十八年（前545）记载：“公膳日双鸡，饔人窃更之以鹜。”大意为在春秋时代一段时期，齐国官员的饮食待遇：卿大夫每日可享食两只鸡，但饔人（厨师）暗暗地用鹜（鸭）代替鸡。

如前所述，鸭似不如鸡，但它却也有不少优越之处，“春江水暖鸭先知”，宋代文学家苏东坡在《惠崇春江晚景》一诗中，生动地吟咏鸭子较早感受到春天悄悄光临的特点。

鸭对人体的保健医疗，也体现了它的某些优越性。中医学认为，鸭肉补中、益气、清热、利尿、消水肿、解毒、化痰。鸭性味凉，炎夏季酷热之日，清炖鸭是很适于消暑的食品之一。鸭血煮熟进食，有补血、解毒作用，能帮助清除肠道内的灰尘和金属碎屑。鸭肫（鸭胗）性味甘平，炖食能健胃促消化；鸭内金（鸭肫内壁黄皮、鸭肫内皮）经干燥研碎为粉末（鸭肫散），内服有助消化、治噎嗝、止遗尿。鸭肝补肝、补血。

将鸭与其他食物或药物共烹调，进食后能分别取得不同治疗效果，诸如：鸭肉与竹笋炖食，对老年痔疮出血、便秘、消肿、慢性支气管炎等，有辅助治疗作用；鸭肉与海带共炖食，有助于降血压及预防动脉硬化；病后体虚、低热、癌症化疗者，进食炖煮的母鸭肉和鸭汤，有辅助食疗之功。

根据现代科学知识，鸭肉的蛋白质含量高于猪、牛、羊肉，鸭肉中的脂肪含量则低于猪、牛、羊肉，而鸭肉内的脂肪较多是不饱和脂肪酸，既易消化，又对人体健康有益，诸如：可保持细胞正常生理功能；降低血液中低密度胆固醇（即坏胆固醇）和甘油三酯，减少心血管疾患；降低血液黏稠度，减少发生血栓；维护脑细胞活性，保持思维力和记忆力；是合成人体前列腺素的前驱物质；保持一定的免疫力和防癌力。现今的饮食科学常提倡最好用橄榄油、玉米油、茶油等烹调食物，其中很重要的因素，正是它们的脂肪成分主要是不饱和脂肪酸。如前所述，鸭肉所含脂肪较多是不饱和脂肪酸。

鸭肉和鸡肉的营养成分基本接近，对人体的保健价值均优于猪、牛、羊肉。鸭心、鸭肝、鸭肫和鸭血中的铁、硒含量明显高于鸡心、鸡肝、鸡肫和鸡血中的含量，因而对人体的补益和防癌功效也较优。

鸭蛋和鸡蛋对人体的营养价值，也大体相近，都能提供优质蛋白质和蛋黄中的卵磷脂，并且还能提供若干种维生素、矿物质和微量元素，但鸭蛋中的维生素 A 和 E 明显高于鸡蛋中的含量，钙、磷、锌、铜的含量也略多于鸡蛋。

用鸭烹制菜食，为了从中获得更好的保健效益，最好是炖食。烧鸭、烤鸭，若加热超过两百摄氏度而持续时间过久，鸭肉中的蛋白质、氨基酸等遭到破坏，发生变性，产生杂环胺等致癌物质，对人体可能造成危害。因此，从卫生保健角度，烧鸭、烤鸭和熏鸭，都不宜经常多食。中医学认为，鸭属凉性，体质虚寒、寒性痛经、慢性肠炎、腹泻、风寒感冒者，暂不宜食鸭。

人类豢养鸭固然主要是为烹调美食并营养身体，但是，鸭对人类还有其他贡献，其中，鸭的细小绒毛，可用于制作鸭绒被、鸭绒枕，柔软又保暖，给人们睡眠增添了舒适。鸭绒衣何尝不是如此。

中国人民豢养鸭子历史过程中，还衍发了若干意涵、逸闻、趣事。鸭子不能高飞，因而产生了“赶鸭子上架”的成语，寓意为难以办到或很难办到的事。“鸡同鸭讲”，歇后语为“谈不拢”。

宋代无名氏《豹隐纪谈》以鸡和鸭的鸣叫声，写了一首讽刺抨击官员收取百姓送礼的打油诗：“鸡鸣喈喈，鸭鸣呷呷，县尉下乡，有献则纳。”

中国古代，还有一则以文学家名字给鸭子冠名的趣闻：唐代文学家陆龟蒙（？—约 881），据说在写作之闲暇，嗜好养鸭，精心驯鸭，使其骁勇善斗，后来，人们称陆龟蒙驯养的鸭子，为“龟蒙鸭”。

群跃龙门传千秋　鲤　鱼

在中国的鱼类之中，鲤鱼自古以来就受到人们重视，例如“鲤鱼跳龙门”就是人们喜欢说的一句成语。“鲤鱼跳龙门”是中国古代传说，宋代陆佃《埤雅》解释为：“俗说鱼跃龙门，过而为龙，唯鲤鱼然。”古人对鲤鱼的此种神奇传说，后来被人们用于比喻考科举者的“中举”，或指某人升官，或者比喻“逆流而进”“奋发向上”，或者指克服种种困难终于取得胜利成果，等等。

中国古人看重鲤鱼，还可举出一则有力佐证：孔子十九岁成婚，次年，其妻生了一个儿子，鲁国君主鲁昭公得悉后，特派人以鲤鱼赠送孔子表示祝贺，孔子收到“鲁昭公”的赠礼之后，给儿子取名“鲤”，全名为孔鲤，字“伯鱼”，此事见载于《孔子家语》。

鲤鱼自古以来即生存繁衍于中国的淡水江河湖泊之中。

两千多年前,《诗经·衡门》里就载有“岂其食鱼,必河之鲤”的诗句,表明中国人民食用鲤鱼,历史久远。

鲤鱼的得名,明代《本草纲目》引前人所述,认为鲤鱼的鳞上有十字纹理,“理”字的“王”字偏旁被“鱼”字取代而成为“鲤”。

据学者考证,中国人民养殖鲤鱼的历史,大约有二千四百年了,现今世界上许多地方都有人工养殖的鲤鱼。鲤鱼因肉厚、味鲜、刺少、营养价值高而成为淡水鱼中之上品,黄河鲤鱼尤为驰名。中国人民在食用鲤鱼的过程中,体验到它对人体具有某些食疗作用,中医学认为主要有利水、消肿、下气、通乳之功,可用于水肿胀满、脚气病、黄疸、咳嗽气逆、乳汁少、营养不良等症的辅助食疗。

根据现代科研报道,鲤鱼的蛋白质含量高、质佳,人体对其消化、吸收率可达百分之九十。其所含脂肪多为不饱和脂肪酸,能降低胆固醇,有助预防动脉硬化和冠心病。它还含维生素A、B_1、B_2、E、PP,以及钙、磷、钾、镁、铁、锌、硒等,对人体也有所裨益,适于大部分人群食用,对肾炎、肝炎、水肿、孕妇、产妇、营养不良等则有食疗功效。但有报道说,哮喘、荨麻疹、皮炎、血栓闭塞性脉管炎、疮肿等患者应慎食,并认为鲤鱼忌与绿豆、南瓜、芋艿同食,有待学者确验。

在中国历史上，鲤鱼还衍生了一些文化内涵和趣闻。《论语·季氏》有“鲤趋而过庭”的记载，是说孔夫子的儿子孔鲤，在家里经过中庭时遇见父亲，孔子教育孔鲤须学诗、学礼。后来，由此而衍生的“鲤庭”一词，成为儿子接受父训的典故。

“鲤书”一词，也衍生于鲤鱼。据载，古人写信给家人或友人，有一种做法是把信放入鲤鱼腹内连同传送。东汉文学家、书法家蔡邕（132—192）《饮马长城窟行》“客从远方来，遗我双鲤鱼。呼儿烹鲤鱼，中有尺素书。”诗中的“尺素书”即是书信，因藏在鲤鱼腹中，所以称为“鲤书”或“鱼书”。元代萨都剌《送王伯循御史》“曲江水发愿相忆，莫遗鲤鱼音信稀。”诗中更明确地写出了鲤鱼和音信的密切关系。

此外，由于“鲤”和“利”读音相同，中国自古以来，人们把鲤鱼视为吉利、吉祥的象征，有的饰物以鲤鱼形象制作，喜庆、新年时摆设鲤鱼，画鲤鱼年画或贴鲤鱼图案剪纸等。除夕、新年餐宴特备办鲤鱼菜肴，寓意为“吉祥吉利”“年年有余”。

在唐代，鲤鱼还有一则趣闻。唐玄宗李隆基（685—

762）于公元 712 年登上帝位，因“鲤”和“李”读音相同，他力行“避讳”，在执政第三年和十九年，两次颁布诏令，鲤鱼改称“赤鯶公”，不准人们吃鲤鱼，禁止捕捉鲤鱼，渔民若捕获鲤鱼必须放生，违禁和出卖鲤鱼者，将处以拷打六十板的“杖刑”。之所以颁布上述禁令，是因为“吃鲤”“捕鲤”“卖鲤”，谐音为“吃李”“捕李”“卖李”，在唐朝廷看来，对唐朝李姓皇帝无异于犯了逆反与诅咒之罪。对此，唐代担任过多种官职的段成式（803—863），在所撰《酉阳杂俎》中就曾写道：“国朝律：取得鲤鱼即宜放，仍不得吃，号‘赤鯶公’。卖者杖六十，言鲤为李也。”

虽然，唐玄宗颁布上述禁令，但当时全国信息不通畅，很多百姓可能并不知晓，加之，各地政府对民间的管制也不可能十分严密，所以社会上对捕鲤和食鲤的禁令并未完全遵行。生活于唐玄宗在位年代的唐代诗人王维（701—761，一作 698—759），在十六岁时就品味过脍鲤鱼：“良人玉勒乘骢马，侍女金盘脍鲤鱼”（《洛阳女儿行》）。处于朝廷严禁捕鲤、不准食鲤鱼年代的王维，不仅是堂而皇之地食鲤，还公然赋诗吟咏，实在是“奇闻”，也是莫大讽刺！

一勺清汤胜万钱　鲫　鱼

中国人民食用的鱼类之中，鲫鱼以肉质细嫩鲜美而位列前茅，唐代杨晔《膳夫经手录》载说:“脍（鱼）莫先于鲫，鳊、鲂、鲷、鲈次之。”可见，鲫鱼之味美名列前茅，其来有自。鲫鱼还因对人体有多种保健医疗功用，以及它的变种“金鱼”可供人们观赏，历来广受人们喜爱。

鲫鱼何以得名？此事似耐人寻味。“鲫”字结构中有“即”字，这是因为鲫鱼游动时往往成群相“即”尾随而进，“即”字的含义之一是“靠近”“达到”，成语“可望不可即”中的“即”字正是此意。“即”字加上“鱼”字偏旁就成为“鲫”了。中国古代，鲫鱼又称为“鲋鱼”，也是因为它们游动时喜相“附”而行，“附”字的“阝”偏旁换为“鱼”字就成为“鲋”了。也正因鲫鱼成群游动的习性，古人据此造出“过江之鲫”一词，该词往往被形象地用于形容众多蜂拥纷乱的人群或事物，如同江河中密密麻麻成群的鲫鱼攒挤游动。另一趣事为：有人编了“鲫鱼跟鲫鱼，鲤鱼跟鲤鱼”歇后语，其意为“物以类聚”。

由于成群鲫鱼游动时的“相即”“相附”等特点，在中国历史上，衍生了和鲫鱼相联系的若干有趣之民俗。

两千年前，《仪礼·士昏礼》记载：“士昏礼……鱼用鲋，必肴全。”古代，“昏”与“婚”字通用。对上述记载，古代学者解释为：“云鱼用鲋者，义取夫妇相依附也；云肴必全者，义取夫妇全节无亏之理。”也就是说，男女结婚喜宴的食品中，须有鲋鱼（鲫鱼），并且必须是完整、无破损也未腐坏者。之所以要食鲫鱼，是寓意夫妇互相依附；之所以要食完整而无腐坏的鲫鱼，是寓意夫妇相敬相爱相助、婚姻美满不变质。

“鲫”谐音“吉”，民间在喜庆时，往往喜采用鲫鱼做菜肴，冀望诸事吉祥；有的人家给孕妇、产妇进食鲫鱼菜肴，同样也是征兆吉利。所以，鲫鱼又有“喜头鱼”“喜头”之称。而产妇食鲫鱼，不仅补益产妇和婴儿身体，更能有效促进产妇乳汁分泌，一举数得，何乐不为！此外，“鱼”和“余”字读音相同，新年里有的人家用鲫鱼做菜肴、做摆设，既寓意吉利、吉祥，同时也寓意“年年有余”。

用鲫鱼烹饪之菜肴，无不给食用者以美味之享受，而鲫鱼汤尤为突出。清代“扬州八怪”之一的著名画家李鳝（1686—1762），曾任山东滕县知县多年，卸职之后到扬州卖画度余年。有一天，他应邀到好友郑板桥（1693—1765）家餐叙，当他品尝到美味鲫鱼汤之后，啧啧称善，即兴赋诗：“作宦山东十一年，不知湖上鲫鱼鲜。今朝尝得君家味，一勺清汤胜万钱。”欣喜赞赏之情，溢于言表！

鲫鱼属鲤科，是中国重要淡水鱼之一，它生活于江河池塘中，主要以水中植物及杂食为生，适应性很强，中国陆地大部分水域都适于鲫鱼栖息繁殖。

中国古人在食用鲫鱼的经历中，体验到它对人体具有和胃、滋身、利水、除湿、治疗口腔溃疡、缓解哮喘等作用，能改善食欲，尤其是对产妇有良好的催乳功效。

据报道，鲫鱼富含易被人体消化、吸收的蛋白质，其中含量较多的谷氨酸，是产生鲜美滋味的主要成分。鲫鱼的脂肪含量相对较低，据实验，它含有某些特殊性脂肪酸，有一定消炎作用；用于儿童哮喘辅助食疗，能取得一定缓解效果。此外，鲫鱼还含有维生素A、硫氨酸、尼克酸及钙、磷、铁、硒等元素，对人体营养和提高抗病力均有裨益，也是高血压、高血脂、肝炎、肾炎等患者的合适食物。

鲫鱼和其他食物同烹饪的菜式很多，它们对人体的保健疗病的功效，也因之提高，诸如：鲫鱼豆腐汤，两者协同能提供成人更多量的八种必需氨基酸（缬氨酸、蛋氨酸、异亮氨酸、苯丙氨酸、亮氨酸、色氨酸、苏氨酸、赖氨酸），并且其比例更接近人体所需；鲫鱼赤豆汤，两者协同能增强排除滞留于人体内的多余水分，对水肿、肾炎、腹水等患者，有辅助食疗效用；鲫鱼白萝卜丝汤，低脂、低糖，是减肥美容的食疗佳品。

人群中对鲫鱼“忌口”者较少，但鲫鱼的刺多而细，因此，烹饪鲫鱼以煮汤，或做香酥，或用醋红烧进食较为适宜。

入汤红色如霞　虾

“蝦”，是“虾”的繁体字，虾是中国古人很早就捕食的水生物之一。中国古人给“蝦”取名，巧妙地把它与美丽的红色彩霞相联系：蝦“入汤则红色如霞也”，这是李时珍在《本草纲目》对“蝦”的“释名”，并且说：蝦音霞，俗作虾。中国古人根据蝦是“水虫”，将“虫”字取代“霞”字上半部的“雨”字偏旁，就成为“蝦”了。所以，古时候“蝦”与“霞”字通用，例如，“霞虹”也可称为“蝦虹”，含义为彩色的云。

中国古人观察到虾腰屈伸灵活、弓腰弹跳迅敏的特点，用“虾腰”一词形容人的弯腰“鞠躬”行礼的动作；古人还用“虾目”“虾眼”词汇，形容煮水初沸时冒出的小气泡如同虾的眼睛。中国古人在许多方面的想象力，不由得不令人钦佩。

去除虾头和虾壳的虾肉，通称为虾仁，其质嫩、味鲜美、无腥味、无骨刺、易消化、富营养，自古以来便是人类的美食。中国古人在食用虾类的过程中，体验到它对人体有着良好的补养功效，中医学认为虾肉益肾、兴阳、开胃、化痰、通乳汁、利筋骨等。

根据现代动物学知识，虾的品种繁多，近两千种，大的长逾一米，小的仅几毫米。依其生活大环境分，主要为淡水虾和海虾两大类。前者包括青虾、河虾、草虾等，后者包括明虾、对虾、基围虾、龙虾、大红虾等。

虾肉的成分因品种不同而不尽一致，但蛋白质都很丰富，包括十数种氨基酸，其中鲜味很突出的谷氨酸，含量特别高，天冬氨酸、亮氨酸、赖氨酸、丙氨酸、精氨酸、甘氨酸等次之，其他则为缬氨酸、丝氨酸、脯氨酸、苏氨酸、酪氨酸、蛋氨酸以及肌球蛋白等；虾肉中的维生素主要为A和B_{12}、E，视黄醇也较多，还有少量硫胺素、核黄素；矿物质以钙、磷、钾、钠含量较多，镁和硒也可观，其他则有少量铁、锌、铜等，海虾还含碘。虾肉的脂肪含量不多，但胆固醇较高，不过，虾肉含多量牛璜酸，能抑制胆固醇在血液中蓄积。虾肉所含欧米伽（Ω）-3脂肪酸，有助增强人的大脑思维和记忆力，很适于儿童和老年人食用。

剥去虾壳的虾肉，经加工制成的虾干，通常称为虾米，也称为海米、开洋、开阳、金钩等。虾米滋味更鲜，对人体的营养价值与虾肉基本相近。虾米因水分大为减少，其钙、钾、钠、磷、镁、硒所占比重相应增高很多，尤其是钾和钠更高，因此，高血压、心脏病、肾病等患者应慎食虾米。

虾制品之一的虾皮，是把肉质很少的小虾（俗称毛虾）连壳带肉加工成的小虾干，它也具有良好的营养价值，尤其是青色虾壳所含虾青素（Astaxanthin，简称ASTA，音译为“艾斯特”）中营养价值很高。虾青素经加温游离后变成红色，所以又称为“虾红素”，是一种抗氧化作用很强的物质。研究者把抗氧化物质的效用强度，分为四个等级，由低到高依次为：（一）维生素类的A、C、E；（二）胡萝卜素；（三）花青素；（四）虾青素。有报道说，从抗氧化强度而言，虾青素超过维生素E五百倍。并且，虾青素无论是脂溶或水溶状态，都能有效消除自由基。

此外，研究者还证实，虾青素对人体能延缓衰老、提升免疫力和好胆固醇、降低坏胆固醇、防晒、防辐射、减少皮肤皱纹、减轻远程飞行产生的“时间差”等。常食虾皮是防治骨质疏松症的措施之一，还能减轻自主神经系统功能紊乱症状。

食虾固然对人体有补益保健功效，但体质过敏、皮肤炎、痛风、支气管炎等患者，不宜或暂不宜食虾。适于食虾者，则需适当食用，忌与含鞣酸多的食物（例如柿子、石榴等）同食，若同食，经化学反应后，产生毒性的三价砷，如食入大量，可能引起中毒。还有人认为，虾与果汁或红枣同食，可能引起腹泻等不良反应，值得有关学者研究探明。

不食螃蟹辜负腹　螃　蟹

名诗“不到庐山辜负目，不食螃蟹辜负腹”，长时期以来，被相当多数人视为宋代文学家苏东坡所写，其实，宋代诗人徐似道才是此二佳句的作者，该诗见之于他的诗作《游庐山得蟹》。

徐似道把游览庐山看成是人们欣赏风景的最高境界，把品味螃蟹看作是人们饮食美味的最高享受。然而，兼得此二者谈何容易！远非人人所能“心想事成”的事。

对此，徐似道早已在同一诗作中发出了“亦知二者古难并”的感叹！不过，二者相比，品味螃蟹则显然是人们较能办到的事。

螃蟹起初仅称蟹，农历每年“霜降”前后一段时间，通常是螃蟹肉厚膏肥时节，唐代文学家皮日休（约834—约883）已在《寒夜文宴》里，如实、生动地写下了“蟹因霜重金膏溢，橘为风高玉脑圆”的诗句。

螃蟹是甲壳类动物，根据动物学知识，它从幼时的小蟹生长到成熟的大蟹，随着潮水涨落，需经历约数十次蜕壳，每蜕壳一次，其形体即增长一次。

宋代文字训诂家罗愿在《尔雅翼》中认为“蟹”字之所以有“解”字，是因为蟹“随潮而解甲也”。所谓“解甲”，即是指“蜕壳”。而“蟹”字之有“虫”字，宋代《大宋重修广韵》解释说，因它是“水虫”。至于“螃”字，是缘于蟹的横向爬行，或称为“侧行”“旁行”，宋代陆佃的《埤雅》记述：“蟹旁行，故俚语谓之旁蟹。”“旁”加“虫”字，也就成为“螃”了。

蟹拥有不少别名，其中如“无肠公子”，明代李时珍解释为“以其内空则曰无肠”。由于它横行，体表有甲壳，宋代傅肱的《蟹谱》称它为“横行介士”。

此外，古人根据螃蟹爬行发出的声音，认为与“郭索”谐音，因此“郭索”成为蟹的代称；由于蟹的前端有一对粗硬如钳的“螯”，后来“螯”也成为蟹的代称。而“持螯”“把螯”则是“尝蟹”“食蟹”的意思。

中国古人食蟹，历史久远。两千年前《周礼》记载的“蟹胥”，即是蟹酱。螃蟹滋味鲜美，营养价高，历来嗜食者不计其数。文献记载或赞咏者十分众多。

自古以来，中国人食蟹不仅是品尝美食和补益身体，还体验到它对人体有清热、散瘀及对筋骨损伤的辅助食疗作用。古代中医还把生蟹捣烂外敷治疗烫伤和漆疮（漆过敏性皮炎）等。

值得一提的是，中国古人利用蟹壳治疗某些疾病和灭虫的独特经验。《备急千金要方》《证治要诀》《本草纲目》等医籍记载，将蟹壳煅烧研成粉末，内服治疗瘀血、腹痛等，将蟹壳粉末与蜂蜜调成泥状，外敷治疗冻疮。

此外，中国古人在室内焚烧蟹壳，然后关闭门窗，利用焚烧蟹壳产生的烟气，熏死藏于壁缝里的虱子。

新鲜活蟹无甚毒性，仅对少数人可能引起过敏反应。中国古代文献曾提到，食蟹又同时进食其他某些食物（例如柿子）可能会引起不良反应或中毒。宋代王璆《是斋百一选方》记载："一人食蟹多食红柿，至夜大吐，继之以血，昏不省人。"

文献中还提到，食蟹时不可同时吃石榴、花生、南瓜、芹菜等，值得研究确证或否定。

食蟹卫生，首先须是新鲜活蟹，务必清除其腮、沙包、内脏，经洗净后予以烹饪熟透，始可安全食用。

中医学认为螃蟹性寒，食蟹时需用姜或紫苏及米醋佐之，体质虚寒或过敏者也忌食蟹。虽然，食蟹可能产生某些不利人体健康的影响，但遵照卫生要求适当食用，还是可以获得对身体补益和保健效果的。

特别值得一提的是，螃蟹不仅予人类以营养和口福，它还有其特殊之处，就是给人们提供文化创作的良好素材。

中国历代人士以螃蟹激发的文思，创作了洋洋大观的诗词歌赋，诸如：唐代皮日休的“未游沧海早知名，有骨还从肉上生。莫道无心畏雷电，海龙王处也横行”（《咏蟹》）；宋代张耒的“遥知涟水蟹，九月已经霜。巨实黄金重，蟹肥白玉香”（《寄文刚求蟹》）；明代徐渭的“稻熟江村蟹正肥，双螯如戟挺青泥”（《题画蟹》诗）；清代曹雪芹的“持螯更喜桂阴凉，泼醋擂姜兴欲狂。饕餮王孙应有酒，横行公子竟无肠”（《宝玉咏蟹》），等等，难以胜数，举不胜举。

由于螃蟹的形态与活动特点，中国人民用“蟹”字与其他汉字组成了若干颇为有趣的词汇或句子，例如，“蟹眼汤”表示初沸水，因煮水刚沸之时，水中会冒出无数小水泡，宛似由螃蟹口器两边吐出的如同蟹眼的细水泡。

宋代张元幹《浣溪沙》词：“蟹眼汤深轻泛乳，龙涎灰暖细烘香”，巧用“蟹眼汤”与“龙涎灰”作对子，更增添其韵味。

再如，“蟹行”一词，系指螃蟹爬行，还表示人在弹奏古琴时，手指在琴弦上轮番往返移动的情景。明代陈继儒《珍珠船》写道：“弹琴轮指曰蟹行。”五代前蜀画家、诗僧贯休《听僧弹琴》中，有“琴上闻师大蟹行”之诗句。又如“一蟹不如一蟹”，借喻“一个不如一个”；而“一蟹讥”也是指越来越差。

中国古代汉文的书写方式，数千年来都是从上往下竖写。19世纪以后，拉丁文及英、法、德、意、美、俄、西班牙等国文字的书报，逐渐传入中国，上述外文的词汇和句子的书写方式是从左往右横向写，有些中国人就把它们比拟为螃蟹的横向爬行，称之为“蟹行字”或“蟹文”。

清人黄遵宪就曾将此写入《岁暮怀人》诗中，“教儿兼习蟹行字，呼婢闲调鴂舌音。”

梁启超在《论中国人种之未来》中写道：“吾尝在湖南，见其少年子弟，口尚乳臭，目不识蟹文，未尝一读欧西之书，而其言论思想，新异卓拔。”

另也有人称英文等为“蟹行字”者，郭沫若在《我的童年》中写道："只有一位英文教员是湖北人，他一上讲堂便用英文来说话，写也写的一些旁行邪上的蟹形字。"这些记述如今读来甚觉有趣。

海中人参　海　参

素有名贵海产食物之称的海参，经现代科学探明其成分，并且发现和证实它对人体有更广泛的保健医疗价值后，如今是愈加受到人们的青睐了。

明代谢肇淛《五杂俎》记载："海参……其性温补，足敌人参，故曰海参。"清代王士禛《香祖笔记》说："海参得名亦以能温补故也。生于土为人参，生于水为海参。"

据载，海参是生活于海底的棘皮动物，它没有眼睛，缓慢地匍匐爬行于珊瑚礁、珊瑚沙泥底，附着力很小，易被海浪冲走。它以海中浮游小生物为生，有时吃进沙泥，所以它还有沙噀、海鼠等别名。当遇到海中其他动物袭击时，海参会迅速吐出肠子缠绕对方，肠子被拉断而趁机逃逸。经过数周，它体内又能生长出完好的肠子。在恶劣环境中，它能把身体分成数段，每一段能逐渐各自生长成完整的海参。

饶有趣者，海参还有及早躲避海洋风暴的本能，当风暴将要来临之前，它会躲避到岩石缝隙里。渔民若发现海底忽然捕获不到海参，就会推想到可能有暴风雨濒临，于是抓紧时机返航。

中国古人捕食海参的历史虽然不短，但对其保健医疗作用的记述，直到明末清初以后才陆续出现。清代吴仪洛《本草从新》记载："（海参）补肾益精，壮阳疗痿。"清代王士雄《随息居饮食谱》详细列出海参"滋阴、补血、健阳、润燥、调经、养胎、利产"等多方面食疗功效。另一方面，中医学认为，海参性味滑利，脾胃虚弱、大便溏泄者不宜多食。

海参品种繁多，据说全球海洋中超过八百种，可供人类食用者四十多种，中国的海参有二十余种可供食用，以北方刺参营养价值最高。海参品种之不同，其所含成分略有出入。大致而言，海参所含硫酸软骨素，有利于人体生长发育、延缓肌肉衰老、提高免疫力；海参黏多糖能促进手术伤口愈合与骨折康复，提升人体抗病力，抑制癌细胞生长；海参糖胺聚糖具有抗血栓作用；"海参毒素"虽名为"毒素"，其实对人体无甚伤害，却能抑制多种霉菌与某些癌细胞生长，并对治疗再生障碍性贫血和胃肠溃疡病有助益；海参含有多种氨基酸，其中精氨酸尤为丰富，是合成人体胶原蛋白的重要成分，并对改善男性的性腺神经功能和精细胞有益；所含微量元素钒，能参与血液中的铁之运输，增强造血功能；所含微量元素硒，有助抗癌作用。

海参还含有维生素（B_1、B_2、E）、矿物质（钙、磷、铁、钾、钠、镁、碘、锰、锌）、尼克酸和牛磺酸等，加上它的低脂肪、低糖、基本无胆固醇诸特点，对于高血脂、高血压、心血管疾病、脑血栓、静脉血栓、神经衰弱、关节炎、糖尿病、慢性肾炎、胃和十二指肠溃疡、肝炎、肝硬化、便秘、癌肿、贫血、产后体虚、病后体弱等病症，海参诚然是重要的食疗佳品。

味精之母　海　带

海带——生长于海中、外形似宽扁带子的植物。“海带”之名，据认为首载于公元1060年宋代《嘉祐补注神农本草》，但实际上，中国人民食用海带的历史早于宋代，据《本草纲目》引述，唐代文学家刘禹锡（772—824）已谈到：海带出东海水锺石上，似海藻而粗，柔韧而长，今登州（今山东半岛东端）人干之以束器物，医家用以下水（消除人体水肿），胜于海藻、昆布。中国人民食用海带，体验到它具有活血、化瘀、散结、利尿等作用，尤其可用于治疗瘿病（主要是缺碘单纯性甲状腺肿大），中药处方名为昆布。

堪称为趣事的是，近代有位富于钻研的人士，在食用海带过程中，还发明了调味的“味之素”。据载，1908年的一天，日本东京帝国大学化学教授池田菊苗和家人共进晚餐，当他喝进海带黄瓜汤时，顿觉汤味鲜美。为探明其缘由，后来他对海带进行了研究。半年后，他从十公斤鲜海带中提取到零点二克谷氨酸钠，为验证此物质的鲜味，他在味道平常的普通菜汤中，放入一点点谷氨酸钠，汤味立刻变鲜。之后，他和日本商人铃木三郎合作，改用脱脂大豆和小麦做原料提取谷氨酸，获得批量生产之后，将其命名为“味之素”在市场上出售，成为人们烹调菜肴的新型调味品。后来，其他国家的一些学者与厂家，陆续效仿研制了“味素”“味精”等调味剂。

海带又名海草、江白菜等。根据现代科学知识，海带为大叶藻的全草，富含岩藻多糖、甘露醇、海带胶和碘质，有多量不饱和脂肪酸和多种氨基酸，还含钙、氟、铁、镁、钾、硒、鞣质等。其所含维生素则有 A、B_1、B_2、E、PP。

岩藻多糖有良好的食物纤维，对人体有多方面保健功效，能延缓胃内容物排空和食糜通过小肠时间，也即是延长饱腹感，糖尿病患者食海带，有助于控制食欲和体内血糖，健康者食海带则有助减少进食量和减肥；岩藻多糖还能降低胆固醇、血脂和血黏度，提高人体免疫力和抗氧化功能，并且具有抑制癌细胞生长和保湿、滋润皮肤的效用。海带中的甘露醇有良好利尿消肿作用，能减轻肾病患者的水肿及其他病患的水肿，并对高血压病人有降血压效用。海带胶有通肠作用，能吸附肠道内有害的重金属和放射性物质，使之随粪便排出体外。海带中的不饱和脂肪酸，能减少发生心血管疾病、糖尿病、癌肿和不孕。海带中的碘能防治缺碘性甲状腺肿，并对调节内分泌功能和降低乳腺增生发挥一定作用。海带中的钙能补充人体所需钙质；其所含适量氟则有利于牙齿和骨骼保健。海带是碱性食物，能中和酸性食物，连同海带所含硒元素，有助于防癌（主要是胃、肠道癌肿和乳癌）。

用海带烹调的菜式繁多，进食加醋的海带，既减少海带腥味，改善口感，还有益于人体对它的消化吸收。海带与豆腐同烹调，是有着良好营养价值的理想搭配，长时期以来被视为“长寿菜谱”。另介绍，取洗净的海带六百克切成丝，放入沸水中焯三分钟，加白糖适量拌匀腌渍三天，慢性咽炎患者每日早晚各食三十克，两周后能取得疗效。还有人介绍，海带可用于脂肪肝患者的治疗：取洗净的海带、绿豆各五十克同煮熟，用红糖适量调服，早晚各一次，可长期食用。海带、冬瓜煮汤，可供夏季酷热天消暑食用。

因海带含有多量碘质，甲状腺功能亢进者不宜多食海带，避免加重病情；孕妇、产妇也不要多食海带，以免多量碘经过胎盘或乳汁进入胎儿、婴儿体内，导致其甲状腺的发育和功能不正常。

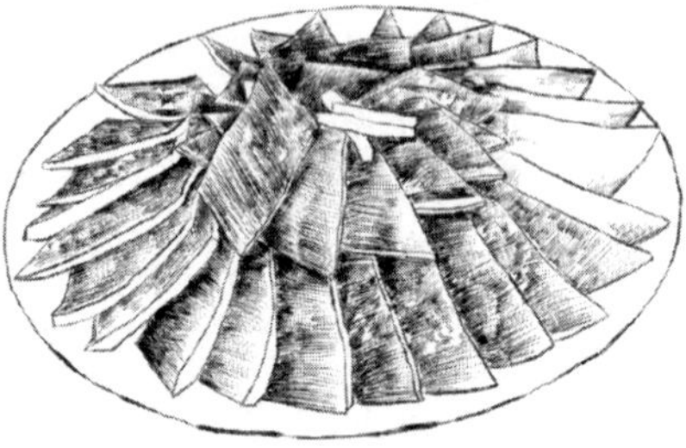

护心佳品　奇雅子

20世纪90年代以来，在一些营养学文献中，被特别强调其营养价值的“奇雅”，是英文名词Chia的音译（另有音译为“奇亚”）。由于当代学者们对“奇雅”种子的多方面有益人体的新发现，使此种古老的植物及其种子，获得人们空前的高度青睐！

学者们考证认为：“奇雅”起源于中美洲古老的墨西哥和危地马拉地区，墨西哥的先民——玛雅（Maya）人和阿兹特克（Aztec）人，在距今约三千五百年前已采食野生“奇雅”的种子；约在距今三千年前，他们已栽培“奇雅”。Chia原为Chian，后来其末尾的“n”被略去而成为Chia了。据载，Chian是转译自墨西哥原住民那瓦特（Nahuatl）族语之词汇，含义为“力量”。

三千多年前，墨西哥先民常食之奇雅子，随着年代推移和某些原因，逐渐式微，至 20 世纪 90 年代以前，它不被很多人所知。如今，它又被人们重新关注和赞赏，是缘于学者们对它具有防治人类心血管疾病等多方面优异功效的新认知。

20 世纪 50 年代以来，人类心血管疾病患病率逐年上升，为寻找原因及防治措施，学者们进行了多方探索，70 年代初，发现生活于北美洲东北部格陵兰岛（Greenland）的爱斯基摩（Eskimo）人（因纽特人）罹患心血管疾病者，远远低于世界其他地方，经调查，他们主要食物中有北冰洋里的海狗肉和海狗油。学者研究分析，海狗油富含欧米伽 -3（Ω-3）不饱和脂肪酸，对人体发育、维持生理机能及保健有着极重要作用，其功效主要有：抑制肝脏内合成脂质和脂蛋白；降低血中胆固醇与不良胆固醇；降低甘油三酯；提升良性胆固醇量；预防动脉硬化与冠心病；舒张血管、降血压；抑制血小板凝集，降低血液黏度，防止血栓形成；减少发生偏头痛次数和持续时间，减轻偏头痛症状；改善脑部血液循环，减少心律紊乱，降低心率；消炎，减轻关节疼痛；滋润皮肤，促进真皮分泌胶原和弹性纤维，减少皮肤皱纹；协调人体免疫功能和具有防癌作用等。

人体不能自行产生欧米伽 -3 不饱和脂肪酸，必须从食物中获得，因此，20 世纪 80 年代起，医学界提倡食用深海鱼油制品，使人体获得所需欧米伽 -3 不饱和脂肪酸，但是食用一段时间之后，发现有缺陷，一是随着海洋遭到越来越多的重金属等有害物质污染，鱼油也可能被污染；二是鱼类含胆固醇；三是鱼类对人体是常见的过敏原；四是因海洋遭污染及渔民过度捕鱼，海洋鱼类资源日趋匮乏。

基于上述原因，促使学者们继续积极寻找能提供欧米伽 -3 不饱和脂肪酸的更理想之食物。至 80 年代末，发现墨西哥有些地区居民的心血管病患病率也较低，进一步调查他们的传统食谱，了解到玉米、豆类、苋菜和奇雅子是他们常食之物。继而，专门对奇雅子进行分析，发现其欧米伽 -3 不饱和脂肪酸的含量特别丰富，高于深海鱼油之含量，也是目前所知冠于其他食物者。并且，奇雅子所含欧米伽 -3 不饱和脂肪酸和欧米伽 -6 的比例很合适，这使前者得以发挥其作用。

研究者强调指出，奇雅子不仅富含欧米伽 -3 不饱和脂肪酸，它所含其他多种营养成分，对人体也很有益：一是富含抗氧化物质，包括维生素 C 和 E、绿原酸、栎皮黄素、山奈酮醇等，这些物质既有较强抗氧化能力，还有助预防动脉硬化，减少血栓形成，延缓衰老和防御癌肿；二是含多量膳食纤维，利于胃肠道蠕动，助消化，使大便通畅，并把肠道内有害物质吸附排出；三是能吸收大量水分（将奇雅子浸泡于水中十分钟，据说能吸收大于其本身重量八九倍的水分），因此，食用已吸收大量水分的奇雅子之后，能产生饱腹感，对体胖者可起到减少进食的减肥作用；还有，食用吸收大量水分的奇雅子之后，可使体内保持较长时间的水分和能量，长跑运动员或长途行军者食用后可获得较持久耐力；四是蛋白质含量高于大豆和牛奶等，它含有谷氨酸、精氨酸等二十种氨基酸；五是含卵磷脂，有利于促进大脑发育，改善记忆，保护肝脏功能，降低高血脂，降低高胆固醇，使胰脏正常分泌胰岛素，减少胆结石形成，延缓衰老、润肤等；六是含钙、磷、钾、镁、铁等矿物质，所含硼元素能提高更年期妇女雌激素含量，有助于减少骨质流失。孕妇食用奇雅子，不仅对孕妇本身保健有利，同时还有益胎儿脑组织和眼睛正常发育。此外，奇雅子低钠，没有胆固醇，对人体保健都是有利因素。

奇雅为一年生薄荷科草本植物，生长于热带、亚热带地区，因含有天然抗御害虫成分，不需用杀虫剂，没有污染。奇雅子成熟期短，一年能收获三四次，作为可供食用之资源，潜力很大；它还因含多种抗氧化物质，不易变质，便于储存和运输。

奇雅子没有难闻的臭气和难食之怪味，口感清纯，可供食用的方式多种多样，方法简便，通常取干燥奇雅子十到十五克，浸于二百五十毫升温开水或冷开水中（浸于牛奶或果汁或咖啡或可可等均可），三十分钟后即可食用，最好是餐前三十分钟食用，俾能产生饱腹感以达到减少进食之效果。也可将奇雅子浸于冷开水或其他饮料中，置于冰箱内，便于需要时食用。奇雅子还可以和其他食物相拌或者共烹调食用，一般加热，奇雅子的营养成分中，除了一些不耐热者，欧米伽 -3 不饱和脂肪酸等多种成分基本上不被破坏。

食用奇雅子，极少引起过敏反应，不过，患出血性疾病者不可食奇雅子，但广大人群均适于食用。近十多年来，不少人称赞奇雅子为“奇异子”（Magic Seed），也有不少人颂扬奇雅子为“超级食物”（Super food）。

奇哉！保健功效卓著的奇雅子！

饮品之冠　茶

“每日开门七件事，柴米油盐酱醋茶”，这是中国民间广为流传的古谚语。在中国人民日常生活中，茶是既普通却又为大众所喜爱的传统饮料。数千年来，热情好客的中国人民多有这样的习惯：每当亲朋或宾客来家造访，通常总是沏上一杯清茶款待，西晋文学家张载在《登成都白菟楼》中，对茶有高度评价的诗句：“芳茶冠六清，溢味播九区”，饮茶诚然是一项高尚的习俗。

起初，茶的名称叫做荼（读音 tú）、槚（读音 jiǎ）、蔎（读音 shè），也有称它为苦菜。后来，依据采茶时间的先后，又有茗（起初指芽茶，后来也指用茶叶泡出的饮料或饮茶）、荈（读音 chuǎn，起初指老茶，后来泛指茶）之称。此外，还有腊茶、细茶、芽茶、游冬等名。在一千七百多年前的《神农本草经》里，就把茶称为苦菜和茶草。后来,《本草纲目》解释茶的别名“游冬”，是因它经历了冬春;而“苦菜”，则是因它味苦。其实,茶虽有苦味,但苦后复有甜味,可说是“先苦后甜”,所以《诗经》说:“谁谓荼苦，其甘如荠”，此言不虚。

作为中国著名特产之一的茶叶，大部分地区都有其芳踪，尤其是南方温暖地区出产更为普遍。由于各地气候、土壤与茶种的不同，采茶时间的先后、制作加工方法的差异，茶叶的品种也因此十分繁多，它们的形、色、香、性、味也就各有千秋。一般是依制作加工方法的不同，分为绿茶与红茶两大类。对此，唐代陆羽撰著《茶经》，最早对茶叶的产地、性状、品质、采制、茶具及烹饮方法等作了论述。

综观全球饮品，饮用人数最为众多者，茶无疑是首屈一指，因此称茶为“饮品之冠”，完全符合实情。中国历代人士吟咏、赞颂“茶”与“饮茶”，所创作的诗词歌赋，数量之多，难以胜数，而在一首咏茶诗作中，同时具有“四最”——最简要概括、最富于特色、最饶有趣味、最能给人留下深刻印象者，莫过于唐代诗人元稹（779—831）所写的一首咏茶“宝塔诗”。

全诗原文如下:

茶

香叶，嫩芽。

慕诗客，爱僧家。

碾雕白玉，罗织红纱。

铫煎黄蕊色，碗转曲尘花。

夜后邀陪明月，晨前命对朝霞。

洗尽古今人不倦，将知醉后岂堪夸。

中国自古以来，人们堆砌的宝塔，通常为七层，元稹这首咏茶的宝塔诗也是七层。顶端第七层为一“茶”字，点明了这首诗的主题；第六层简要指出茶叶性状；第五层提到诗人和僧人特别喜爱饮茶；第四层说研细茶叶的白玉碾子和筛取茶末的红纱筛子；第三层表述用铫（读音 diào，此处指带柄有嘴的小锅）煮茶，煮出呈黄花蕊色茶汤，茶汤上面浮现的泡沫；第二层描述饮茶的时光和意境；第一层（即底层）指明饮茶的突出功能。美哉！元稹之咏茶宝塔诗。

特别需指出者，茶不仅仅是日常饮料，还是一种良药。两千多年前，中国古代文献已记述了茶的医疗作用，但是在文字记载之前，中国的先民把茶用于医疗，无疑是要早得多。

茶叶因加工方法之差异，其所含成分不尽一致，对人体所产生的作用也不相同。茶叶中包含的成分，主要为茶素、鞣质、叶绿素、茶碱、咖啡因、挥发油、维生素 C，还有少量茶精、烯、矿物质以及维生素 A、B_1、P、PP 等。茶叶的芳香，主要来自其挥发油成分。但是在茶叶加工过程中，其叶绿素、维生素、挥发油等，遭到不同程度破坏，尤其是红茶，其损失更大。因此，绿茶与红茶的味道和治疗作用也就颇有区别。

茶叶的医疗保健作用，中国历代文献屡有记述。《神农本草经》载说，茶能帮助消化，使人安神少眠和耳聪目明。其后的《名医别录》说茶能医治腹泻。7 世纪《备急千金要方》说，长期饮茶“令人有力，悦志”。元代《汤液本草》介绍用茶“治中风昏愦，多睡不醒”。诗家陆游的《试茶》中，写有“北窗高卧鼾如雷，谁遣香草换梦回”的诗句，正说明茶的醒脑提神功效。元代《日用本草》记载饮茶能“除烦止渴，解腻清神”，并称许茶叶医治痢疾与头痛之功。清代《本草备要》则说，饮茶能解酒食、油腻烧炙之毒，利大小便，多饮消脂。此外，8 世纪的《本草拾遗》记载用鲜茶叶捣汁涂治疖肿。15 世纪初的《普济方》介绍用茶医治咽喉肿痛，等等。

总之，中国历代用茶治病的文献记载和民间经验是极为丰富的。早在唐代，诗人顾况（约725—约814）在其《茶赋》中已对饮茶的作用归纳为："滋饭蔬之精素，攻肉食之膻腻，发当暑之清吟，涤通宵之昏寐。"现代学者对茶叶药理作用的研究，证实了古代文献中所记述茶叶的提神除疲、生津止渴、解腻消食、强心利尿、消炎解毒、收敛止泻等功效，都是有科学根据的。

例如，茶叶中所含咖啡因，能兴奋高级神经中枢，消除疲劳，提振精神。有时喝茶过多而发生失眠，原因即此。咖啡因与茶碱，也能兴奋心脏，扩张冠状动脉，抑制肾小球的再吸收机能，所以茶叶有改善心脏血液循环与利尿的作用。

茶碱具有松弛平滑肌的作用，对支气管哮喘、胆绞痛能产生一些缓解效果。

茶叶中的鞣质具有收敛作用，能凝固、沉淀蛋白质，有一定的抗菌效能。绿茶抑菌作用大于红茶，它对各型痢疾杆菌、金黄色葡萄球菌、乙型溶血性链球菌、白喉杆菌等有不同程度的抑菌作用。

此外，茶叶中的维生素 P 与 PP，对保持毛细血管弹性是有利的因素。

近年来，有学者研究证实，茶叶能减低血中胆固醇、甘油三酯、非饱和游离脂肪酸的含量。茶叶中的儿茶素和茶黄酮有明显的抗氧化作用，在延缓衰老、抗某些癌肿以及提高化疗的疗效等方面有裨益。英国威尔斯大学心理学教授夏彼洛研究认为，喝茶有助于集中精神和提高工作效能，特别是在必须做一件接一件事情时，更能显示出来。随着人们对茶叶的继续研究，相信今后还会有其他的保健医疗价值被发现。

在中国人民同其他国家人民进行经济、文化等交流的历史过程中，中国的茶叶曾经产生过重要的作用。

日本是较早也较多受到中国饮茶习俗影响的国家。唐代，日本派遣了一批又一批“遣唐使”、留学生到中国，他们回国时，带去了中国的茶叶、茶种、品茶习惯等。另一方面，唐代高僧鉴真带领众多徒弟东渡日本传播佛学与中国文化。因此，唐代是中国茶叶和饮茶习俗传日的重要时期。据王辑五《中国日本交通史》载："茶道亦为宋文化移植于日本者之一，当奈良时期（710—784，相当于唐代少帝至德宗期间），茶已传入日本，惟仅供药用。”中国饮茶习俗传入日本后，衍发了一些有趣的风情，其中有所谓“茶寿”者，据说是对一百零八岁老寿星祝寿的称谓，因汉文“茶”字的结构为艹和八十八，也就是说，艹（代

表二十）加八十八正好是一百零八。后来，“米寿”也用于对高寿者的祝福。

中国茶叶输入欧洲，据说是在16世纪。1914年威廉斯著《中国》一书载：茶的输入西方各国，起初是很慢的，据一些文献记载系由荷兰人于1591年带到欧洲。该书还说到，英国一位原是海军军官的日记家彼普斯（S.Pepys），在1660年9月28日的日记中写道：“我曾遣人取一杯茶——中国饮料来，这是我从未饮过的。”七年后，彼普斯进一步写到茶的医疗功用：“……回家看到妻子在备茶，据药店店员对她说，茶用于治疗伤风感冒是颇为有效的。”

起初，荷兰商人在中国收购茶叶是由厦门出口，“茶”字的厦门话读“荻”（dí），所以荷兰文把茶称为thee，就是根据“茶”字的厦门话音译而成。后来，茶字在德文称tee、英文称tea、法文称thé、意大利文称tè，同样也都是源于“茶”字的厦门话读音而来。中国茶叶传入英国之早期，也有称茶为chaa，这是依照中国普通话“茶”的音译。

中国茶叶早期传入英国时，价格相当昂贵，据1917年考林（S.Couling）编著的《中国百科全书》（*Encyclopaedia Sinica*）说：“……伦敦第一间茶店是1657年开设，每磅茶叶价格六至十英镑。中国茶树移植锡兰岛（今斯里兰卡）是在1839年，从此，印度和锡兰茶与中国茶争夺市场，而后者乃逐渐失势。”

1763年，西方的商船主，曾从中国带了一株活的茶树到瑞典，赠给著名的植物学家瑞典人林耐（Carl von Linne，1707—1778）。林耐欣喜地在自己植物学著作中增添了有关中国茶树新的内容，此事被载于罗伯特（F.M. Robert）所写的《到中国的西方旅行家》（*Western Travellers to China*）一书中。

1784年，美国商船“中国皇后号”（Empress of China）首次远航中国进行贸易，在中国福建、广东等省的城市购买了大量红茶、绿茶、漆器、瓷器等特产运回国，这是中国茶叶第一次直接从中国传入美国。翌年，以“中国皇后号”为首的五艘美国商船筹备第二次远航中国进行贸易启航前，当时担任美国大陆军总司令的华盛顿（G. Washington，1732—1799）写信给筹备者，嘱托他们到达中国后帮助购买中国熙春绿茶和一套中国上等瓷茶杯、茶碟，这表明华盛顿对中国茶叶与茶具的喜爱。

现今，世界上许多国家爱好饮茶者之多，不计其数，并且形成了不同的习俗，有些国家的茶叶虽然不是直接从中国传入，然而“饮茶思源”，他们用茶作为有益的饮料，其源头在中国则是肯定无疑的。

提神抗疲　咖　啡

与茶、可可同享世界三大饮料盛名的咖啡，原植物是起源于很古老的茜草科多年生常绿木本，原生地在非洲东北部。

人类最初是如何发现咖啡果实可供食用的，有种种不同的传说，何者为准？已难确定。不过，有一种传说因与咖啡名称的读音接近而被较多引用：不知多少年以前，非洲埃塞俄比亚（Ethiopia）西南部伽法（Kaffa）地区，有牧羊人放牧羊群经过一片树林，羊群啃食树木的红色果实后，逐渐亢奋蹦跳、争相追奔，牧羊人目睹此景，自己也摘取该种果实嚼食，后来也感到精神振奋，故称该果实为“提神果”，并且以当地之名，把它称为“Kaffa”。

考古学、历史学者认为，在两千多年前，埃塞俄比亚某些民族已食用咖啡豆了，他们最初不是用咖啡作饮料，而是咀嚼咖啡果实里的咖啡豆提神，后来改为把咖啡豆研成粉拌以黄油、淀粉等，做成咖啡小团嚼食提神。传说古代埃塞俄比亚有些部族间发生战争冲突时，战斗者往往嚼食咖啡小团以提高战斗力，战士们行军或站岗放哨时，也习惯嚼食咖啡豆提神和抗疲劳。

随着年代推移，各地区人们交往增加，咖啡逐渐被引种到非洲、欧洲、美洲、澳洲、亚洲许多地方。而它的名称依 Kaffa 原名，分别被音译为 Qahwa（阿拉伯语）、Kaweh（希腊语）、Kahve（土耳其语）、Caffe（意大利语）、Kaffee（德语）、Café（西班牙语、法语）、Coffee（英语）、珈琲（日语），等等。

咖啡饮料及其树种传入中国后，汉文译名有磕肥、高馡、加非、咖啡等。“馡”读音 fēi，含义为“芳香”。咖啡具有独特的浓郁芳香，把咖啡称为“高馡”，兼有音译和意译之巧，是十分恰当的美妙译名，惜未被一直采用。至于“咖”“啡”二字，清代《康熙字典》及以前的汉文字典均不见载，1915 年出版的《辞源》较早收载“咖啡”条目，可见，此二字是有关人士专为 Coffee 汉文译名所造的新字。

咖啡豆的成分，研究者报道，主要有咖啡因、芳香性挥发油、咖啡酸、丹宁酸、糖分、蛋白质、矿物质、纤维素等，还有许多尚未研究清楚的成分。咖啡因是咖啡苦味的主要来源；咖啡经烘焙后，其中糖分变成焦糖，与丹宁酸结合后产生苦味；焦糖与炭化纤维素结合，也会造成苦味。咖啡的独特芳香，主要是源于所含的酸、醇、乙醛、酮、脂、苯酚、氮化合物等，它们构成种类繁多的挥发性成分。

咖啡对人体的作用涉及多方面。咖啡因（caffeine）刺激中枢神经引起兴奋作用，能提振精神、提高思考能力和记忆力；咖啡因还能加速人体新陈代谢、利尿、促进胃肠道蠕动和消化液分泌。咖啡中的氯原酸（Chlorogenic acid）能提升白细胞，并有助于抗菌、消炎、利胆、解毒和抗癌。咖啡酸和酚类化合物能抗自由基，减少血栓形成。长期适量喝咖啡，也有利于减少帕金森病发生。英国一位运动营养学者认为，喝咖啡结合有氧运动，能增加消耗体内脂肪，有助减肥。

喝咖啡对人体虽然能产生某些有益作用，但须适当饮用，考虑因素包括合适的身体状况、咖啡浓度、咖啡量、饮咖啡的时间等。

哺乳期妇女不宜喝咖啡，以避免咖啡因通过乳汁被婴儿吸收而可能造成的影响，例如导致婴儿躁动不宁、睡眠不安稳，乃至影响婴儿脑部组织发育等。孕妇不宜过量喝咖啡，以避免对胎儿可能造成的不利影响，甚至流产。患有以下疾病的不宜喝咖啡或应少喝咖啡：经常失眠、精神疾患、高血压、冠心病、胃及十二指肠溃疡、胃炎、肠道过敏症、腹泻、肾病、B 族维生素缺乏、老年人尤其是老年妇女（因加重骨质流失，导致骨质疏松）及癌症等。近年来，有口腔科医师认为，咖啡因妨碍唾液分泌，致使口干而增加蛀牙的发生率，多喝咖啡对牙齿健康不利。

合适浓度的咖啡，以每杯约一百毫升计，通常认为一天不超过四杯为宜。若长期过量饮用，将可能导致对咖啡成瘾，并且还可能出现“咖啡因综合征”，其症状分别为：精神紧张、手颤、焦虑不安、失眠、心悸、肌肉紧张等。一旦停喝咖啡，则精神不振、乏力、乏味等。

“速溶咖啡”，是将咖啡豆高温焙炒、粗磨后，经高压抽提加工成的干燥粉剂，在其生产过程中，会产生一种“丙烯酰胺”的物质。据认为，“丙烯酰胺”可能有致癌性，所以有人主张饮用现磨现煮的咖啡较“速溶咖啡”对健康有益。

“咖啡伴侣”（Coffee mate），多采用植物脂末（俗称奶精）、葡萄糖浆、蛋白酸钠、稳定剂等制成，它虽使咖啡产生奶味、甜味和速溶效果，但同时也增加了热量，并且植物脂末有些就是反式脂肪酸，会增加“坏胆固醇”（低密度脂蛋白胆固醇），减少“好胆固醇”（高密度脂蛋白胆固醇），对人体健康不利，最好少用或不用。

怡人健体　可　可

“可可”一词，早在古代汉语中就有，唐代诗人元稹《春六十韵》：“九霄浑可可，万姓尚忡忡”，诗句中的“可可”，是隐约的意思。唐代诗僧寒山子的长诗里，有“昔时可可贫，今朝最贫冻”之句，此处的“可可”是少许之意。其他，可可还有不经心、恰巧等含义。本文所述“可可”，则是汉语音译的世界第三大饮料 Cocoa。

据考古学者、植物学者等考证，可可树的原始生长地，主要是在中美洲、北美洲南端以及南美洲北部亚马孙（Amazonas）平原等处的热带雨林地区。人类究竟何时开始食用可可果实？可可又是如何从原始生长地向其他地方传播的？因年代久远，传说不一，难以详考。

世界上最早食用可可的民族，较多学者认为，生活于北美洲南端的奥尔梅克（Olmec）人，约在公元前 1000

年已食用可可了。此外，生活于中美洲的玛雅（Maya）人，也是较早食用可可的民族。考古学者从玛雅人生活遗址出土的陶器上，检测出约为公元前600年的可可残遗物，并且推想约在公元前500年，玛雅人可能已将野生可可树进行移种驯化。

玛雅人食用可可，最初阶段只吃其新鲜果肉，而包裹于果肉里的种子——可可豆，因质地坚硬，所以被抛弃。后来，可可种子偶然被扔入火中烧灼爆裂，散发出奇特香味，促使人们将烧灼变脆的可可豆捣碎，予以品尝，而后发现其味虽苦涩，却能减轻人体困顿感觉，具有提神、止泻等作用，于是他们把可可树称为"神赐之树"，把此种树的种子称为Cacau，后来，衍生了Cacao（意大利语、荷兰语、法语），Kakao（德语），Cocoa（英语）等名词。由于可可豆对人体能产生提神等效用，玛雅人逐渐地利用生的可可豆，将其打碎成浆，加水调制成饮料；或把可可豆焙干研碎为粉，拌入玉米粉、辣椒粉等，加工成食物、药物。

古代玛雅民族强盛时期，其势力向北扩展曾抵达北美洲南部尤卡坦半岛（Península de Yucatán），并在该地区建立了若干古城。后来，崛起的阿兹特克（Azteca）民族击败玛雅民族后，于公元1325年在北美南部建立阿兹特克帝国，都城为Tenochtitlán，后来的新墨西哥城（Ciudad de México）即是兴建于此。

阿兹特克人从玛雅人的生活习俗和经历中，学习到食用可可豆的方法和种植可可树的经验，并且对食用可可豆的方法进行了改进，将可可豆烘烤后研成细粉，加入玉米粉、肉桂、香草兰等，用水调匀，反复搅拌，使之成为泡沫状饮料，称之为Xocoatl（汉语音译为巧克脱里），意思为“苦水”。此外，他们还把可可豆作为交换其他物品的媒介，据说四颗可可豆换一个南瓜，十颗可可豆换一只兔子，五十颗可可豆换一匹骡子，更多可可豆换一个奴隶。

15世纪末以前，起源于中、南美洲的可可树及可可豆，似尚未被其他地区的人所知晓。公元1492至1502年间，哥伦布（C.Colombo，约1451—1506）受到西班牙国王斐迪南二世（Fernando Ⅱ，1452—1516）资助，率船员四次横渡大西洋，远航至中、南美洲一些地方，他们返回西班牙时，带回进献国王与王后的奇珍异物之中就有可可豆，可是，它丝毫也未引起国王和王后的任何兴趣。

1519年，西班牙新国王卡洛斯一世（Carlos Ⅰ，1500—1558）执政的第三年，派遣科特斯（Hernan Cortés，1485—1547）率军侵入阿兹特克帝国，1521

年阿兹特克国覆亡，西班牙国王将该地区命名为“新西班牙”，任命科特斯为“新西班牙都统”。科特斯统治该地区期间，了解到阿兹特克人饮用 Xocoatl 可可饮料，借以驱散疲劳、提振精神、温暖肠胃、治疗腹泻、利尿和防感冒等，他亲身体验到其中某些效用后，派人把精制的可可粉献给西班牙国王，大力推荐其功用。国王收到可可粉之后，特召集一部分臣子和官员到宫中品尝此种饮料。获邀品尝者，事先不知其味苦涩，当饮入第一口可可饮料，发现竟是那样“难以下咽”，当时虽不敢太明显流露心中不满，但有人怀疑科特斯故意作弄人。

1528 年，科特斯返回西班牙，带回之物品中，有可可种子及可可食品。他鉴于以往西班牙国王与大臣等对阿兹特克可可饮料的苦、涩、辣之反感，特改动调制可可饮料配方，可可粉内不加辣椒与胡椒，但加入香草兰、肉桂、肉豆蔻、丁香、蜂蜜、蔗糖，用水调匀、煮沸之后热饮。此种新口感的可可饮料，很受国王、王后及官员们之赞赏，他们用西班牙文称之为 Chocolate，含义为“热饮”。后来，意大利语的 Cioccolato、荷兰语 Chocolade、德语 Schokolade、法语 Chocolat、英语 Chocolate 等，都是渊源于西班牙对该种“热饮”的最初名称。而汉文“巧克力”

则是根据Chocolate音译而来。

当初，可可传入西班牙的一段时期里，因为是稀珍之物，只有极少数统治者与上层人士才有机会享用，所以，它成为饮用者的一种高贵身份的标志。1615年，西班牙公主安妮（Annie）和法国国王路易十三世（Louis XIII，1601—1643）订婚；三十多年后，西班牙又一公主玛丽·特丽莎（Marie Theresa）和法国国王路易十四（Louis XIV，1638—1715）订婚；西班牙国王是把可可制品选为订婚礼品之一馈赠法国国王。

西班牙对改进的可可饮料配方与调制法起初保密，1606年，意大利商人卡勒蒂（Carletti）获知其法继而将其传至意大利。之后，它陆续被传播到法、德、英、比利时、瑞士、瑞典等国。随着可可饮料日益受到欧洲国家人们的喜爱，有人企望把可可引种到欧洲，但因该地区的土壤、温度、雨量、荫蔽程度等，不很符合可可树的生长要求，虽然引种到欧洲的可可树能成活，能开花，却不会结出果实，仅能供人观赏。不过，美洲、非洲、东南亚的许多地区，都有适于可可树生长和结果的自然条件，所以，从17世纪以来，它已陆续在很多地方“安家落户”了，可可饮料和用可可为主要原料的食品例如“巧克力”等，也日益风行于世，经久不衰。

可可对人体有着多方面的保健益处，诸如提振精神、愉悦情绪、提高思考力和记忆力、促进人体新陈代谢和消化液分泌、抗氧化作用、降低胆固醇、减少血栓形成、利尿、防御癌肿、控制体重等。但因它能兴奋中枢神经，故食用应恰当，尤其是情绪易亢奋及失眠者。另外，可可含有减弱血小板凝集的成分，有出血倾向状况者、接受外科手术者，暂时不宜饮用可可。孕妇、哺乳期妇女最好也少食可可，避免可可碱、咖啡因对孕妇、产妇、胎儿以及婴儿的健康造成不利影响。